F. Brouns

Die Ernährungs-
bedürfnisse
von Sportlern

Mit 39 Abbildungen

Springer-Verlag
Berlin Heidelberg New York
London Paris Tokyo Hong Kong
Barcelona Budapest

Dr. med. F. Brouns
Ernährungsforschungszentrum
Abt. Human Biologie
Universität Limburg
NL-6200 MD Maastricht
Niederlande

ISBN-13: 978-3-540-57245-9

Die Deutsche Bibliothek – CIP-Einheitsaufnahme

Brouns, Fred: Die Ernährungsbedürfnisse von Sportlern / F. Brouns. – Berlin ; Heidelberg ;
New York ; London ; Paris ; Tokyo ; Hong Kong ; Barcelona ; Budapest : Springer, 1993
ISBN-13: 978-3-540-57245-9   e-ISBN-13: 978-3-642-95715-4
DOI: 10.1007/978-3-642-95715-4

Umschlaggestaltung: Erich Kirchner, Heidelberg, unter Verwendung
eines Fotos von Fred Brouns
Herstellung: Andreas Gösling, Heidelberg
Satz: Mitterweger Werksatz, Plankstadt bei Heidelberg

19/3130-543210 – Gedruckt auf säurefreiem Papier

Geleitwort

Sport und Ernährung, sportgerechte Ernährung, leistungs-
fördernde Ernährung, – dieser Themenbereich hat in den
vergangenen Jahren ein zunehmendes Interesse erfahren.
Suggestive Werbung für zahlreiche Produkte und Diäten,
ohne die eine optimale Leistung gar nicht mehr möglich zu
sein scheint, auf der einen Seite, kritische aber nicht selten
wenig kompetente Auseinandersetzung mit dieser Thematik
in allerlei Medien auf der anderen Seite haben dazu beigetra-
gen, daß insbesondere unter den Betroffenen, den Lei-
stungssportlern und Trainern, eine seltene Uneinigkeit
herrscht darüber, welche Ernährungsmaßnahmen zu prakti-
zieren sind. Die bislang publizierten populärwissenschaftli-
chen Behandlungen dieser Thematik im deutschsprachigen
Raum sind kaum geeignet, diesem Mißstand abzuhelfen.
Diesem Buch kann es gelingen.

Das Werk wurde zunächst als Vorlage für die EG-Kommission erarbeitet, als wissenschaftliche Grundlage für die Klas-
sifizierung von industriell gefertigter Sportlernahrung. Von
daher war es notwendig, sich möglichst knapp auf die Darstellung der wissenschaftlich gesicherten Fakten zu beschränken. Dies ist dem Autor hervorragend gelungen. „Die Ernährungsbedürfnisse von Sportlern" ist in seiner Kürze und Präg-
nanz die beste Zusammenfassung des derzeitigen Wissens-
standes zu dem Thema Sport und Ernährung, die ich kenne.
Ich wünsche ihm daher eine möglichst weite Verbreitung.

Gießen,   Klaus-Jürgen Moch
Oktober 1993   Institut für Ernährungswissenschaft
                 Universität Gießen

Vorwort

Zweck dieser Abhandlung ist es, einen wissenschaftlichen Überblick über Aspekte der Ernährung und der Körperaktivität, insbesondere bei Hochleistungssportlern, zu geben.

Das Manuskript basiert auf einer Vielzahl neuerer wissenschaftlicher Berichte und Publikationen, die in Fachzeitschriften erschienen, diskutiert und besprochen worden sind. Diese Publikationen haben also in der Regel die Kritik ihrer Rezensenten überlebt, und die Interpretationen entsprechen dem aktuellen wissenschaftlichen Standard.

Um sicherzustellen, daß diese Arbeit von einem möglichst breiten Konsens getragen ist, wurde der Manuskriptentwurf einer Reihe von Experten auf dem Gebiet der Sportmedizin und der Ernährung zur Begutachtung vorgelegt. Für die Auswahl dieser Experten waren deren aktuelle Forschungsaktivitäten und ihre international anerkannte Expertise im Bereich der Sporternährung ausschlaggebend.

Aufgrund der Reaktionen und Kritiken dieser Fachleute wurde der Entwurf überarbeitet und verbessert, bis die vorliegende endgültige Fassung entstand.

Aufgrund dieses wissenschaftlichen Konsensus ist dieses Script vom IDACE, Paris, an die EG-Kommission in Brüssel als wissenschaftliches Grunddokument für die Herstellung zukünftiger Gesetzesrichtlinien für Sportlernahrung weitergeleitet worden.

Fred Brouns

Inhaltsverzeichnis

Manuskriptbegutachter

Baumgartl, Peter, Univ.-Doz. Prim. Dr.
Bezirkskrankenhaus, Abt. Herz-, Kreislauf- und Sport-
medizin, St. Johann i.T./Österreich
Experte für Leistungsphysiologie, Energiestoffwechsel

Guezennec, Charles-Yannick, Dr.
Centre méd. aérospatial, Paris/Frankreich
Experte für Leistungsphysiologie, Energiestoffwechsel

Hamm, Michael, Prof. Dr.
Fachhochschule Hamburg, Fachbereich Ernährung und
Hauswirtschaft, Hamburg/Deutschland
Experte für Ernährungswissenschaft, insbes. im Sport-
bereich

Mariné-Font, Abel, Prof. Dr.
Universität Barcelona, Dep. de Ciènces Fisiològiques
Humanes i de la Nutrició, Unitat de Nutricó i Bromato-
logia, Facultat de Farmàcia, Barcelona/Spanien
Experte für Nahrungsmittel/Ernährung

Maughan, Ron J., Dr.
University Medical School, Dep. of Environmental and
Occupational Medicine, Aberdeen/Schottland
Experte für Leistungsphysiologie, Energiestoffwechsel,
orale Rehydratation

Moch, Klaus-Jürgen, Dr.
Institut für Ernährungswissenschaft, Universität Gießen/
Deutschland
Experte für Ernährungswissenschaft, insbes. im Sportbereich

Rehrer, Nancy J., Dr.
Vrij Universiteit, Dep. Sports Medicine, Brüssel/Belgien
Expertin für Ernährungswissenschaft, insbes. im Sport-
bereich

Rieu, Michel, Prof. Dr.
Laboratoire de physiologie des adaptations – CHU Cochin,
Paris/Frankreich
Experte für Leistungsphysiologie, Energiestoffwechsel

Saris, Wim H.M., Prof. Dr. Ir.
Nutrition Research Center, Dep. of Human Biology,
University of Limburg, Maastricht/Niederlande
Experte für Ernährungswissenschaft, insbes. im Sport-
bereich

Strömme, Sigmund, Prof. Dr.
Norwegian College of Physical Education and Sport, Oslo/
Norwegen
Experte für Ernährungswissenschaft, insbes. im Sport-
bereich

Williams, Clyde, Prof. Dr.
Loughborough University, Dep. of Physical Education &
Sports Science, Loughborough/England
Experte für Bewegungsphysiologie, Energiestoffwechsel

Williams, Melvin, Prof. Dr.
Human Performance Laboratory, Old Dominion University,
Norfolk/USA
Experte für Ernährungswissenschaft, insbes. im Sport-
bereich, Herausgeber der Zeitschrift *International Journal
of Sports Nutrition*. Ein spezielles Dankwort geht an
Prof. Williams für seinen Beitrag zum Kapitel 5

1 Einleitung

Einer der wichtigsten Aspekte der Sportlerernährung, dessen Bedeutung seit den ersten athletischen Wettkämpfen im antiken Griechenland bekannt ist, ist der erhöhte Energiebedarf. Athleten, die große körperliche Leistungen vollbringen, benötigen mehr Energie als vorwiegend sitzende und weniger aktive Personen.

Bei erwachsenen Männern und Frauen, die eine sitzende Lebensweise bevorzugen, beträgt der Energieverbrauch ca. 2000–2800 kcal pro Tag. Bei körperlicher Aktivität im Rahmen von Training und Wettkampf wird der tägliche Energiebedarf je nach Fitneß und entsprechend der Dauer, Art und Intensität der sportlichen Betätigung um 500–>1000 kcal pro Stunde erhöht. Aus diesem Grunde müssen die Sportler entsprechend dem größeren Energieverbrauch mehr Nahrung zu sich nehmen. Die erhöhte Nahrungsaufnahme sollte in bezug auf die Makronährstoffe (Kohlenhydrate, Fett und Protein) und die Mikronährstoffe (Vitamine, Mineralstoffe und Spurenelemente) ausgeglichen sein. Dies ist allerdings nicht immer einfach zu bewerkstelligen. Manche sportlichen Aktivitäten beinhalten extrem hohe Körperbelastungen. In der Folge kann der Energieverbrauch innerhalb einer kurzen Periode sehr hoch sein. Bei einem Marathonlauf beispielsweise werden ca. 2500–3000 kcal verbraucht [137]. Je nach der Zeit, die für den Lauf benötigt wird, kann dies zu einem Energieverbrauch von ca. 750 kcal/h bei einem Freizeitsportler und 1500 kcal/h bei einem Elitesportler führen, der für den Lauf etwa 2–2,5 Stunden benötigt. Bei einem professio-

nellen Radrennen, wie z. B. der „Tour de France", werden
rund 6500 kcal pro Tag verbraucht, eine Zahl, die sich auf
rund 9000 kcal pro Tag erhöhte, wenn die Rennstrecke einen
Bergpaß einschließt (Abb. 1 und 2, [165]).

Die Kompensation eines derart hohen Energieverbrauchs
durch die Einnahme normaler fester Nahrung ist für jeden
Sportler, der an solchen Konkurrenzen teilnimmt, problema-
tisch, da die Verdauungs- und Resorptionsvorgänge während
intensiver Körperaktivität beeinträchtigt sind. Diese Probleme treten nicht nur in Wettkampfsituatinen auf. Auch an
Tagen mit intensivem Training erreicht der Energieverbrauch
hohe Werte [24]. Unter solchen Umständen neigen Sportler
dazu, häufig energiereiche „Zwischenmahlzeiten" einzunehmen, die jedoch oftmals wenig Protein und Mikronährstoffe

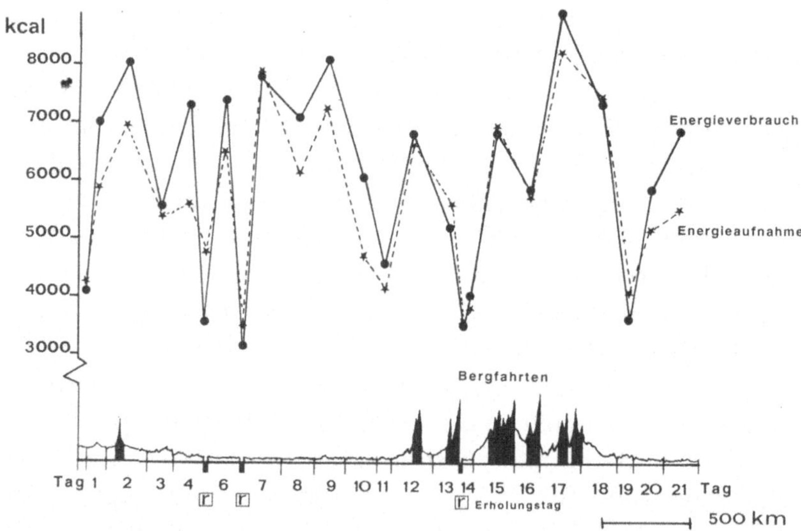

Abb. 1. Täglicher Energieverbrauch und Energieaufnahme, wie sie bei
einem Radfahrer während der Tour de France gemessen wurden. Interessant ist sowohl der extrem hohe Energieverbrauch, wie auch die
Fähigkeit, durch den Gebrauch von flüssiger Nahrung als Ergänzung zu
den normalen Mahlzeiten die Energiebilanz aufrechtzuerhalten. (Mit
freundl. Genehmigung: Saris et al. [165])

2

Abb. 2. Im professionellen Radsport kann der Energieverbrauch 9000 kcal/37 MJ pro Tag übersteigen, wenn in den Alpen gefahren wird

enthalten. Dies führt zu einer unausgewogenen Diät. Eine Lösung dieses Problems ermöglichen vor allem angepaßte Nahrung/Nährmittel/Getränke, die leicht verdaulich und rasch resorbierbar sind [23, 30].

Bei der Ausübung von Ausdauersportarten verwertet der Körper auch seine eigenen Energiereserven (Fett als Fettgewebe und Kohlenhydrate/KH) als Glykogen in Leber und Muskeln gespeichert). Zusätzlich werden kleine Mengen funktioneller Proteine (in der Leber, im Gastrointestinaltrakt und in der Muskulatur) infolge mechanischer und metabolischer Streßvorgänge abgebaut. Diese Verluste müssen durch Zufuhr der nötigen Nährstoffe kompensiert werden. Gleichzeitig entsteht Wärme, die zu einem großen Teil durch die Schweißproduktion und die Schweißverdunstung abgeleitet wird. In der Folge gehen Flüssigkeiten und Elektrolyte verloren.

Große Schweißverluste können die Gesundheit gefährden, da sie zu schwerwiegender Dehydrierung sowie Beeinträchtigungen der Blutzirkulation und der Wärmeableitung führen, was Hitzeerschöpfung und Kollaps zur Folge haben kann [129, 143, 166, 168]. Ungenügendes Ersetzen der KH kann zu Hypoglykämie, zentraler Müdigkeit und Erschöpfung führen [16, 39, 43, 44, 113, 136, 137, 172, 174, 189]. Eine unzureichende Versorgung mit Proteinen führt zum Proteinverlust, besonders in der Muskulatur, und in der Folge zu einer negativen Stickstoffbilanz und schließlich zum Leistungsabfall [106, 107, 125].

Diese eindrücklichen Befunde zeigen, daß der erhöhte Bedarf an spezifischen Nährstoffen entsprechend dem Niveau der täglichen Körperaktivität und der Belastung gedeckt werden muß. Der Bedarf hängt von der Art, Intensität und Dauer der körperlichen Anstrengung ab (Abb. 3). Entsprechend diesen Faktoren können – insbesondere in den Phasen der Vorbereitung, des Wettkampfs und der Erholung

Abb. 3. Freizeitläufer erbringen beim Versuch, während langen Distanzwettkämpfen einen neuen persönlichen Rekord aufzustellen, sportliche Höchstleistungen

– spezifische Ernährungsmaßnahmen und Spezialdiäten durchgeführt werden.

Es wäre falsch zu sagen, daß diese Probleme und die entsprechenden Ernährungsmaßnahmen nur für hochtrainierte Spitzensportler gelten, zumal weniger trainierte Sportler (die bei gleicher Belastungsintensität reichlicher schwitzen) mehr KH als Energiestoff für die Muskelarbeit verbrauchen, mehr Protein verbrauchen/abbauen und sich langsamer von ihrer Erschöpfung erholen.

Jeder Sporttreibende, der eine persönliche Bestleistung erzielen möchte und sich im oberen Bereich seiner funktionellen Kapazität betätigt, beansprucht seinen Stoffwechsel maximal, gleichgültig ob er ein olympischer Wettkämpfer oder ein Freizeitsportler ist, der einen Marathonlauf vollenden will.

Gut trainierte Sportler haben eine größere metabolische Kapazität entwickelt. Deshalb können sie rascher laufen und sich rascher erholen. Wenn sich der durchtrainierte Athlet jedoch mit maximaler Kapazität betätigt, so kommt es auch bei ihm zur Energiedepletion, Dehydrierung und Erschöpfung.

Deshalb sollten sich Trainings- und Belastungsrichtlinien inklusive Ernährungsmaßnahmen und die Anwendung spezifischer Nährmittel/Getränke für diese beiden Kategorien von Sportlern nicht wesentlich voneinander unterscheiden.

Nährmittel und Mahlzeiten, die kurz vor und während des Trainings oder in kurzen Pausen zwischen den Trainingsphasen eingenommen werden, sollten den spezifischen Einnahme- und Assimilationsbedingungen angepaßt sein, die ihrerseits vom Charakter und von den speziellen Umständen der ausgeübten Sportart abhängen.

In bestimmten Disziplinen ist ein niedriges Körpergewicht ausschlaggebend für den sportlichen Erfolg oder stellt im Wettkampf eine notwendige Voraussetzung für die Zulassung zu einer bestimmten Gewichtsklasse dar.

Die betroffenen Sportler trainieren einerseits häufig und intensiv, andererseits sind sie gezwungen, ihr Körpergewicht

Abb.4. Sportlich Aktive mit tiefkalorischen Diäten laufen Gefahr, Hauptnahrungsbestandteile marginal oder ungenügend zuzuführen

niedrig zu halten. Die geringe Energiezufuhr kann in diesen Situationen zu einer Unterversorgung mit lebenswichtigen Nährstoffen, wie z.B. Proteinen, Eisen, Kalzium und Vitaminen, führen, und die Zufuhr von KH zur Deckung der beim Training verbrauchten KH kann unzureichend sein (Abb.4).

Dieser Aspekt verdient besondere Beachtung, da es sich dabei häufig um junge Sportler handelt, die sich noch im Wachstum befinden und deren körperliche Entwicklung noch nicht abgeschlossen ist [163].

Je nach Sport und Trainingsart lassen sich verschiedene Gruppen von Athleten unterscheiden, bei denen das Risiko einer Mangelernährung besteht. Es sind diese Sportler, die am intensivsten beraten werden müssen und für die in Perioden intensiven Trainings oder bei gleichzeitiger Durchführung von Programmen zur Gewichtsreduktion eine Supplementierung mit Nährstoffen am dringendsten geboten ist (Tabelle 1).

Tabelle 1. Sportarten mit hohem Risiko einer Mangelernährung

Kriterien	Sportliche Disziplin
– *Geringes Körpergewicht* – chronisch geringe Energiezufuhr zur Reduktion des Körperfetts	– Kunstturnen, Reitsport – Ballett, Tanz, rhythmische Gymnastik, Eistanz, Aerobics
– *Wettkampfgewicht* – drastische Reduktionsdiäten zur Erreichung der gewünschten Gewichtsklasse	– Sportarten mit Gewichtsklassen (z.B. Judo, Boxen, Ringen, Rudern, Skispringen)
– *Fettreduktion* – drastische Senkung des Körpergewichts, um die Fettmasse des Körpers minimal zu halten	– Bodybuilding
– Vegetarisch lebende Sportler	– Insbesondere Ausdauerdisziplinen

Die Sicherheit bestimmter Ernährungsmaßnahmen und die zweckmäßige Durchführung der Supplementierung kann nur gewährleistet werden, wenn entsprechende Normen und Richtlinien verfügbar sind. Damit die Wahl der Supplemente sicher getroffen werden kann, sollten spezielle Nahrungsmittelrichtlinien für diese Kategorie von Produkten erarbeitet werden.

Fitneß- und gesundheitsbewußte Personen sollten zum einen durch Gesundheitsdienste, sportmedizinische Organisationen und Sportverbände optimal über die Faktoren aufgeklärt werden, welche die Wahl der Nährmittel, die Nahrungseinnahme, den Nährstoffverbrauch und die potentielle Notwendigkeit einer Supplementierung betreffen [180], zum anderen sollten sie eine sichere Wahl aus dem bestehenden Angebot an Nahrungsmitteln und speziellen Sportnahrungspodukten treffen können. Dabei verdient das Gebiet der Ernährungserziehung von Sportlern und Trainern besondere Aufmerksamkeit. Verschiedene Studien haben gezeigt, daß die Kenntnisse in Ernährungsfragen allgemein gering sind, obwohl sich diesbezüglich ein vermehrtes Bewußtsein abzu-

Abb. 5. Schweizer Nationaltrainer werden in speziellen Kursen über Ernährung und Spitzensport in Kochen und Essen geschult

zeichnen beginnt und Artikel über Ernährungsprobleme immer regelmäßiger in Sportzeitschriften erscheinen [46, 149, 198].

Richtlinien existieren zwar für Lebensmittel, die auf die speziellen Bedürfnisse in bestimmten Situationen zugeschnitten sind, d. h. für diätetische Spezialprodukte; für Sportnahrungsprodukte und Supplemente dagegen fehlt eine entsprechende Reglementierung.

Ziel einer Nahrungsmittelverordnung ist es, wissenschaftlich fundierte Beurteilungskriterien zu definieren, mit deren Hilfe sichergestellt werden kann, daß die Produkte einem bestimmten Qualitätsstandard entsprechen, d. h. sie berücksichtigen die spezifischen Anforderungen, die hinsichtlich Nährstoffen, Nährstoffmischungen und -kombinationen sowie Verdaulichkeitseigenschaften an das Produkt gestellt werden müssen. Es wäre zu wünschen, daß diese Praxis auch auf Nahrungsmittel, die als Sportnahrung etikettiert sind, angewandt wird.

In der vorliegenden Arbeit sollen bestimmte wichtige Aspekte, welche die Ernährung des Sportlers betreffen, erörtert werden. Dabei wird besonderes Gewicht auf die Makro- und Mikronährstoffe gelegt, die zur täglichen Nahrung all jener Personen gehören, die sich intensiven körperlichen Belastungen aussetzen. Diese Aspekte könnten als Basis für eine Erziehung in Fragen der Sportlerernährung dienen und gleichzeitig die Grundlage für eine künftig zu erarbeitende Verordnung über Sportnahrungsmittel liefern. In jüngster Vergangenheit sind wichtige Forschungsberichte zu diesem Thema erschienen. Einen vollständigen Überblick bietet das Protokoll einer internationalen wissenschaftlichen Konsenstagung über Ernährung und Sport (März 1991, Lausanne, Schweiz; Protokoll als Sondernummer der Zeitschrift *Journal of Sport Sciences,* Bd. 9, Sommer 1991). In der Regel werden wir uns in dieser Arbeit auf diese neuesten Forschungsberichte beziehen, da die auf soliden Untersuchungen beruhenden Kenntnisse in den vergangenen zehn Jahren einen rasanten Aufschwung genommen haben. Die am Buchende aufgeführte Literatur bietet dem interessierten Leser die Möglichkeit, sich über die erörterten Themen umfassend zu informieren.

2 Die Ernährung des Sportlers – Aspekte der Makronährstoffe

2.1 Kohlenhydrate

Die KH können generell als wichtigster Energiestoff für den Hochleistungssportler bezeichnet werden. Um die Bedeutung der KH für die sportliche Leistung und die Erholung aufzuzeigen, wollen wir zunächst kurz die Rolle der KH als Energiespeicher erläutern und darlegen, wie der KH-Stoffwechsel und die KH-Reserven durch Körperarbeit beeinflußt werden (s. Kap. 6).

Abb. 6. Verschiedene Typen von stärkereichen Nahrungsmitteln, die optimale Kohlenhydrat-/Energielieferanten für den Intensivsport darstellen

2.1.1 Kohlenhydratreserven

KH werden im Organismus als langkettige Glukoseverbindungen, die als Glykogen bezeichnet werden, in der Leber und im Muskel gespeichert. Diese Speicherform der KH ist mit jener der Stärke vergleichbar (s. Abb. 6).

2.1.1.1 Leberglykogen

Die in der Leber gespeicherte Glycogenmenge beträgt ungefähr 100 g. Diese Menge erfährt periodische Schwankungen, je nachdem wieviel Glykogen für die Bereitstellung von Blutglukose abgebaut wird und entsprechend der Glukosemenge, die nach der Nahrungsaufnahme an die Leber abgegeben und in Glykogenreserve eingebaut wird. Die in der Leber gespeicherten Glykogenreserven nehmen nach den Mahlzeiten zu; zwischen den Mahlzeiten und insbesondere während der Nacht dagegen nehmen sie ab, da die Leber fortwährend Glukose in den Blutkreislauf abgibt, um einen normalen Blutzuckerspiegel sicherzustellen [89, 90, 91, 135, 158).

Einfluß der Körperbelastung

Im Verlauf der Körperaktivität bewirken einige metabolische und hormonelle Regulationsmechanismen, daß die arbeitenden Muskeln mehr Blutglukose aufnehmen, um die für die Muskelkontraktionen erforderliche Energie zu beschaffen. Um zu vermeiden, daß der Blutzuckerspiegel zu stark abfällt, wird die Leber gleichzeitig veranlaßt, Glukose in den Blutkreislauf abzugeben, wobei als Quellen vor allem das in der Leber gespeicherte Glykogen und in geringem Grad die Glukoseneubildung dienen [1, 90, 135, 158].

Somit stellt die Verfügbarkeit von Leberglykogen den Schlüsselfaktor für die Aufrechterhaltung eines normalen Blutzuckerspiegels während des Trainings dar. Sobald der

Vorrat an Leberglykogen erschöpft ist und der Glukoseverbrauch in den arbeitenden Geweben weiterhin hoch bleibt, erreicht der Blutzuckerspiegel hypoglykämische Werte. Dieser streßreiche Zustand hat eine maximale Fettmobilisation sowie eine Spaltung und Utilisation von Proteinen zur Folge. Die Glukoseaufnahme durch die Muskeln fällt auf marginale Werte ab, so daß die arbeitenden Muskeln schließlich vollständig auf lokale KH-Zufuhrsysteme oder eine indirekte Versorgung mittels KH-Supplementierung angewiesen sind. In der Folge kann es zu zentralen und lokalen Ermüdungserscheinungen kommen, ein Problem, über das sowohl in der sportlichen Praxis als auch in der wissenschaftlichen Literatur ausführlich berichtet worden ist [39, 44, 63, 65, 91, 173, 174].

2.1.1.2 Muskelglykogen

Während die im gesamten Muskelgewebe gespeicherten Glykogenreserven bei nichtaktiven Personen rund 300 g betragen, können diese bei hochtrainierten Sportlern >500 g erreichen, wenn sie ihr Training mit einer KH-reichen Diät kombinieren [16, 90, 174]. Somit können die intramuskulär gespeicherten KH-Reserven einem Energieäquivalent von 1200–2000 kcal entsprechen.

Einfluß der Körperbelastung

Die quantitative Verwertung von Muskelglykogen als Energiequelle für die Muskelkontraktion ist vom Trainingszustand sowie von Dauer und Intensität der Körperbelastung abhängig. Wie Forschungen gezeigt haben, wird die für die Muskelarbeit benötigte Energie – abgesehen von dem sehr kleinen Reservoir energiereicher Phosphate (Adenosinphosphat und Kreatinphosphat), die für maximal 15 s Energie liefern können – hauptsächlich aus den beiden wichtigsten Energiequellen, KH und Fett, freigesetzt [15, 16, 19, 90, 136, 137, 173].

Diese beiden Energiequellen werden nie ausschließlich genutzt. Je nach Belastungsintensität kann jedoch der eine oder der andere dieser Energielieferanten im Vordergrund stehen. So wird z.B. unter Ruhebedingungen die gesamte Energie, die für den ruhenden Stoffwechsel benötigt wird, vom Fett bezogen; eine Ausnahme hiervon bilden lediglich das Zentralnervensystem und die roten Blutzellen, die auf die Blutglukose angewiesen sind. Das Verhältnis der Energiezufuhr kann in dieser Situation in der Größenordnung vom 90 % Fett:10 % KH liegen.

In einer Situation mit vermehrter Aktivität – z.B. bei körperlicher Arbeit oder mäßig intensivem Sport – mobilisiert der Organismus unter dem Einfluß metabolischer, hormoneller und neuraler Mechanismen zusätzlich Glukose aus Leber und Muskelglykogen, um Energie freizusetzen (s. Abb. 7 a, b; [133]). Gleichzeitig nimmt die Mobilisierung von Fettsäuren zu, bis nach einer gewissen Zeit (etwa 20 min) ein metabolischer Steady state erreicht ist. Das Verhältnis der Energiezufuhr von Fett bzw. KH kann in diesem Falle 50 %:50 % betragen.

Bei höheren Belastungsintensitäten beginnt der Organismus, immer mehr KH zu verwerten. Das heißt, daß die KH bei sehr intensiver sportlicher Aktivität zum wichtigsten Energiespender werden [39, 44, 79, 113, 174]. In dieser Situation kann das Verhältnis der Energiezufuhr von Fett bzw. KH 10 %:90 % betragen.

Diese Verschiebung hin zur vorwiegenden Nutzung der KH ist durch die Tatsache zu erklären, daß die maximale Energiemenge, die pro Zeiteinheit von den KH geliefert werden kann, höher liegt als beim Fett.

Außerdem ist die Sauerstoffmenge, die zur Energiegewinnung aus KH benötigt wird, etwa 10 % geringer als beim Fett [119]. Daraus folgt, daß sich Sportler intensiveren Belastungen unterziehen können, wenn sie KH als hauptsächliche Energiequelle benutzen. Tatsächlich haben Studien gezeigt, daß Personen, deren Muskel- und Leberglykogenreserven durch Belastung oder durch Belastung kombiniert mit einer KH-armen Diät depletiert wurden, nur Leistungen von ca. 50 % ihrer maximalen Arbeitskapazität erbringen können [39, 113, 137].

Umgekehrt können Athleten, deren KH-Reserven in Leber und Muskulatur durch Diätmaßnahmen erhöht wurden, länger intensiv belastet werden. Diese Beispiele zeigen, daß die Größe des Glykogenpools beim Ausdauersport einen leistungsbegrenzenden Faktor darstellt. Sobald die Glykogenreserven bestimmter Muskeln oder Muskelfasern erschöpft sind, wird deren Fähigkeit zu wiederholen, intensiven Kontraktionen beeinträchtigt [16, 39, 90, 113].

Zeitlicher Verlauf der Glykogendepletion

Vier wichtige Faktoren entscheiden darüber, mit welcher Geschwindigkeit und in welchem Ausmaß die KH-Reserven aufgebraucht werden:

1. Belastungsintensität,
2. Dauer der Belastung,
3. Trainingszustand,
4. Zufuhr von KH.

Im vorherigen Abschnitt wurde dargelegt, daß die Nutzung von Glykogen in erster Linie von der Belastungsintensität und der Belastungsdauer abhängt. Bei geringer bis mäßiger Belastungsintensität dient das Fett als zusätzliche Energiequelle. Somit können die KH-Reserven bei geringer Intensität langsam erschöpft werden, d. h. innerhalb von 4 h bei einer Belastungsintensität von zirka 55 % VO_2max und in weniger als 90 min bei höheren Intensitäten, wie sie bei hochintensiven Trainingsarten (Intervalltraining, Tempotraining) oder bei Ballsportarten (Fußball, Eishockey, Rugby etc.) üblich sind [44]. (VO_2max bedeutet maximale Sauerstoffaufnahme. Die Sauerstoffaufnahme nimmt mit steigender Belastungsintensität zu, bis der Höchstwert erreicht ist.

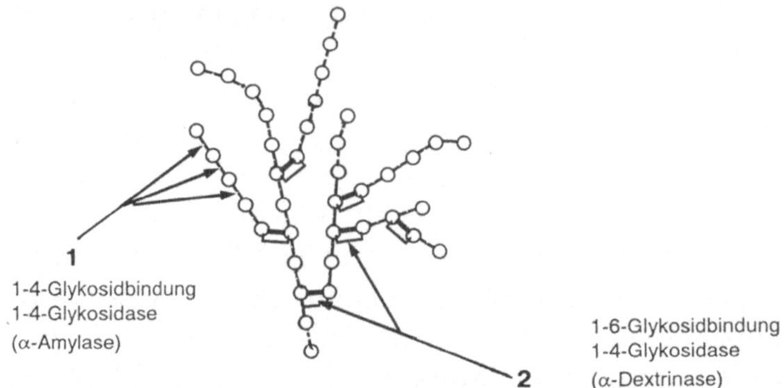

Abb. 7. a Stärke ist aus Glukosemoleküle *(weiße Punkte)* aufgebaut, die durch 1-4- und 1-6-Bindungen gekoppelt sind. Beide Bindungen werden während des Verdauungsprozesses durch bestimmte Enzyme aufgespalten. Glukose, das Endprodukt der Stärkeverdauung, wird durch den Darm absorbiert und ins Blut geführt. Nach der Aufnahme in Muskeln und Leber kann Glukose in Form von Glykogen gespeichert werden; eine Struktur, die mit derjenigen der Stärke vergleichbar ist.

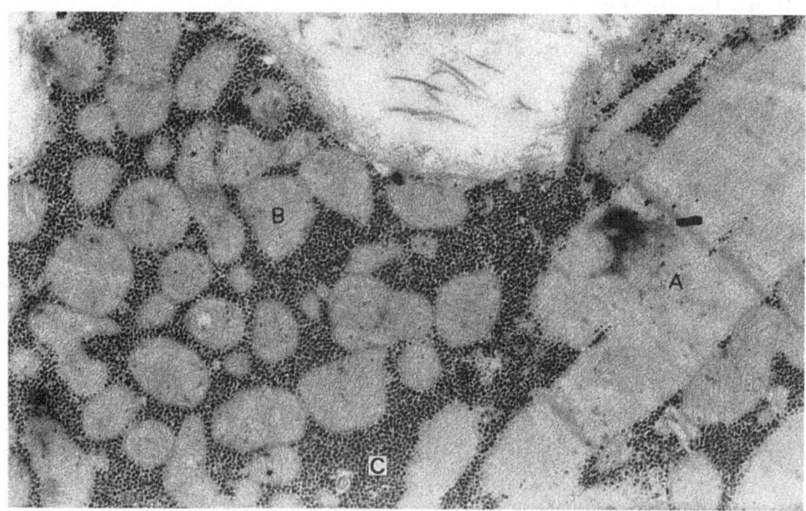

Abb. 7. b Muskelglykogen wird in Form von „Stärkekörnern" (C) zwischen den Mitochondrien (B) innerhalb der Muskelfasern (A) gespeichert. Die gespeicherte Glykogenmenge kann durch biochemische Analysen einer Muskelbiopsieprobe gemessen werden

Die Belastungsintensität beträgt zu diesem Zeitpunkt definitionsgemäß 100 %.)

Trainingszustand: Der zeitliche Ablauf wird außerdem durch den Trainingszustand beeinflußt, da hochtrainierte Sportler im Vergleich zu weniger trainierten Personen vermehrt in der Lage sind, Fett als Energiequelle zu nutzen. Bei gleicher absoluter Belastungsintensität (z.B. Laufen mit einer Geschwindigkeit von 15 km/h) verbrauchen Trainierte weniger KH und mehr Fett für die Muskelkontraktion [19, 71]. Unter Wettkampfbedingungen trifft dies jedoch nicht zu, da sich in dieser Situation alle Beteiligten mit maximaler Arbeitskapazität betätigen. Somit ist es möglich, daß bei Anstrengungen mit gleicher relativer Intensität (z.B. 80 % der maximalen Arbeitskapazität) zwischen Trainierten und Untrainierten kein Unterschied in bezug auf den KH- und Fettumsatz besteht (Abb. 8 a, b).

2.1.2 Kohlenhydratsupplementierung während körperlicher Belastung

Die Geschwindigkeit, mit der im Körper gespeicherte KH verbraucht werden, kann dadurch weiter reduziert werden, daß Blut und Muskelgewebe aus einer alternativen Energiequelle, nämlich mit oral zugeführten KH, versorgt werden. Wenn KH eingenommen, verdaut und resorbiert werden, treten sie in den portalen Blutstrom ein, passieren die Leber und gehen schließlich in den allgemeinen Blutkreislauf über. Die Blutglukose wird im Gefolge der oralen KH-Zufuhr erhöht. Auf der einen Seite wird dadurch die Notwendigkeit, Leberglykogen zwecks Aufrechterhaltung des Blutzuckerspiegels abzubauen, reduziert, auf der anderen Seite wird die Versorgung der Muskulatur mit Glukose und die Glukoseaufnahme im Muskel verstärkt. Tatsächlich zeigen zahllose wissenschaftliche Befunde, daß die orale KH-Zufuhr die Glukosefreisetzung durch die Leber reduziert, gleichzeitig

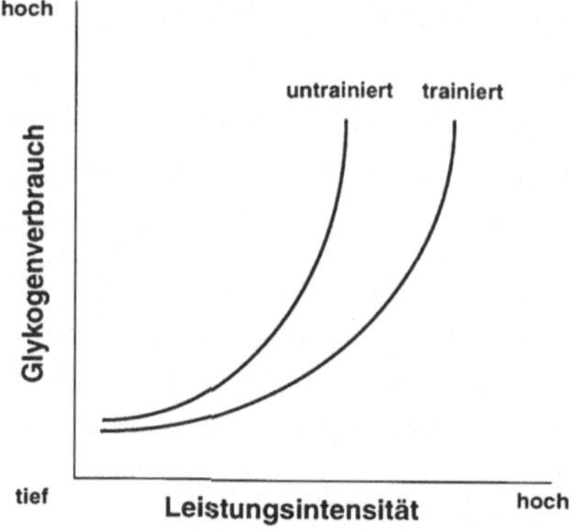

Abb. 8. a Die Glykogenentleerungsrate ist von der Leistungsintensität abhängig. Trainierte Testpersonen verbrauchen weniger Glykogen und mehr Fett bei submaximalen Leistungsintensitäten.

aber die Blutglukosekonzentration und somit die Glukoseaufnahme im Muskel erhöht. Oral zugeführte KH werden außerdem während der Körperaktivität oxidiert. Theoretisch reduziert dieser Vorgang die Geschwindigkeit, mit der das Muskelglykogen zwecks Energiegewinnung abgebaut wird, setzt den Proteinkatabolismus herab, schiebt den Zeitpunkt der Ermüdung hinaus und verbessert die Leistung [49, 75, 124, 148].

Studien, in denen während der Belastung KH eingenommen wurden, ergaben, daß der Gesamt-KH-Verbrauch verglichen mit Kontrollgruppen, die keine KH einnahmen, identisch war. Da nachgewiesen wurde, daß die oralen KH oxidiert wurden, muß gefolgert werden, daß die Glykogenreserven geschont wurden. Es wurden jedoch keine Anhaltspunkte dafür gefunden, daß die KH-Zufuhr die Geschwindigkeit, mit der das Muskelglykogen in den aktiven Muskelgruppen abgebaut wurde, reduzierte [35]. Eine allfällige Schonung von endogenen KH findet somit höchstwahrscheinlich in der Leber oder in den nicht-aktiven Muskelgruppen statt.

Um eine Schonung oder einen Aufbau endogener KH-Reserven zu erreichen, muß eine Voraussetzung erfüllt sein: die eingenommenen KH sollten leicht verdaulich und rasch resorbierbar sein.

18

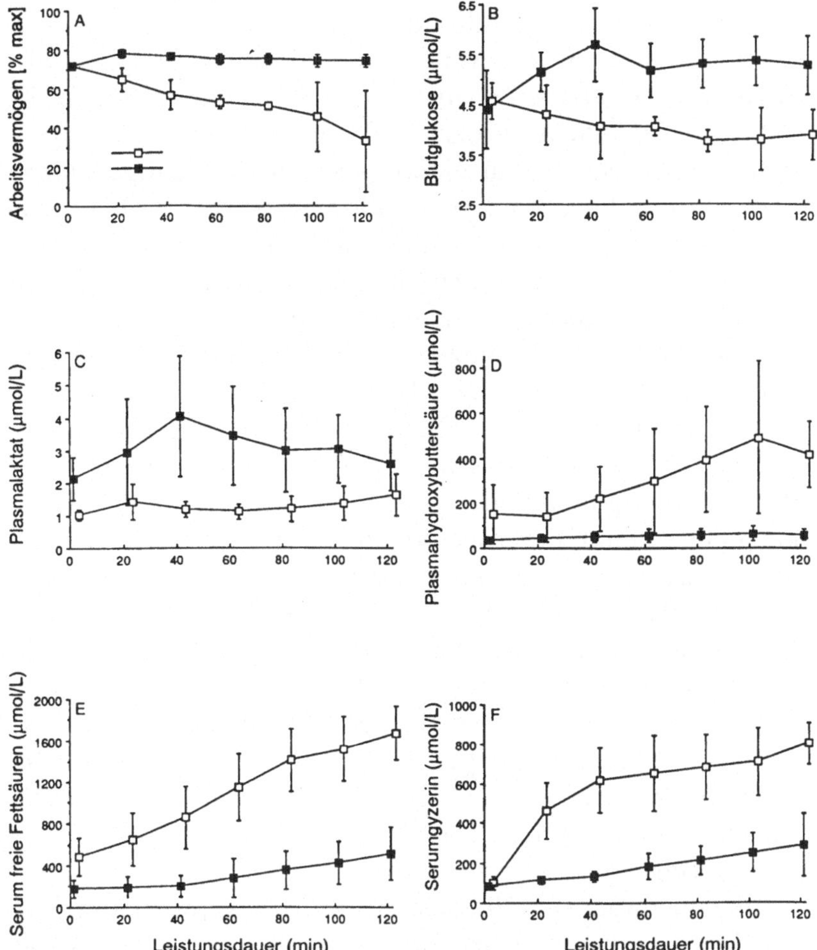

Abb. 8. b Diese Grafiken zeigen eine typische Wiedergabe des Stoffwechsels im glykogenentleerten Zustand. Aufgrund von Glykogenmangel in der Leber sinkt der Blutglukosespiegel. Die Milchsäureproduktion sinkt und zur Kompensation der Energiedefizite wird der Fettstoffwechsel erhöht. Als Konsequenz davon sinkt die Leistung auf ungefähr 50 % der maximalen Kapazität. (Abb. 8 b mit freundl. Genehmigung der American Physiological Society: Wagenmakers et al. [188])

Für länger als 45 min dauernde Körperaktivität wird i. allg. empfohlen, pro weitere Stunde des Trainings mindestens 20 g, idealerweise aber bis zu 80 g, einzunehmen 39, 44]. Es wurde nachgewiesen, daß solche Mengen die Magenentleerung nicht bis auf eine physiologisch wichtige Menge verzögern und die Wasserresorption im Darm erhöhen. Dieser Aspekt ist besonders bedeutsam für das Ausdauertraining in warmer Umgebung, wo der Verfügbarkeit von Wasser erste Priorität zukommen kann (s. Kap. 3).

Bei Ausdauerbelastungen reichen geringe KH-Mengen u. U. nur aus, um normale Blutglukosewerte aufrechtzuerhalten, während größere Quantitäten den Abbau der endogenen KH-Reserven wirksamer aufhalten und den Zeitpunkt der Ermüdung hinauszögern können. Die KH, die als Energiequellen genutzt werden sollen, müssen rasch verdaulich und resorbierbar sein. Am wirksamsten sind (lösliche) KH-Quellen, die als Getränk eingenommen werden können. Die Magenentleerung sollte relativ rasch sein, und die physikalische Form der KH sollte eine rasche enzymatische Hydrolyse ermöglichen, was nicht bei allen KH-Quellen der Fall ist. So können z. B. die in einigen KH-Quellen enthaltenen Nahrungsfasern eine physikalische Barriere für hydrolytische Enzyme bilden [47] und außerdem die Magenentleerungsrate verringern.

Im Gegensatz zur alltäglichen Normalkost (die hauptsächlich langsam verdauliche und faserreiche KH-Quellen mit einem niedrigen glykämischen Index, wie z. B. Vollkornprodukte, enthalten sollte) sollten kurz vor und während des Wettkampfs einzunehmende Nahrungsmittel wenig Nahrungsfasern enthalten und einen hohen glykämischen Index aufweisen [30, 44].

Dieses Paradoxon liegt darin begründet daß Nahrungsfasern die Magenentleerung hemmen, die unmittelbare Wirksamkeit der Enzyme bei der Hydrolyse vermindern, daß Volumen des Magen-Darm-Inhalts erhöhen, die Verweilzeit der Nahrung im Darm verlängern und auch anfällig für eine

Abb. 9. Der Unterschied zwischen „rohen" und raffinierten Kohlenhydratquellen liegt im Ballaststoffgehalt. Ballaststoffe reduzieren die Magenentleerungsrate, verlangsamen die Verdauung und Aufnahme und führen zu einer Anhäufung von intestinaler Masse, was den normalen Transit fördert (Foto: Mais und Maisstärkepulver sowie Wildreis und weißer Reis)

bakterielle Fermentation mit resultierender Gasbildung sein können. Diese Eigenschaften sind zwar für inaktive Personen erwünscht, stellen jedoch während intensiver Körperbelastung ein Problem dar. All diese Faktoren zusammen können die Tatsache erklären, daß bei Athleten, die vor und während des Trainings langsam verdauliche Vollkornprodukte zu sich nehmen, mehr Gastrointestinalbeschwerden auftreten [30, 156].

Bei Verwendung von KH-Quellen, die keine Nahrungsfasern enthalten, wurde festgestellt, daß Stärke ein ebenso wirksamer Energielieferant ist wie freie Glukose [75].

Andere aus komplexen KH bestehende Quellen, wie z. B. Reis, Spaghetti und Kartoffeln, sind für die tägliche KH-Zufuhr zwischen den Phasen mit sportlicher Betätigung besonders interessant; es wurde jedoch nachgewiesen, daß

Abb. 10. Kohlenhydrat-speicherung

diese Nahrungsmittel während der körperlichen Aktivität langsamer oxidiert werden als lösliche KH-Quellen [76]. Während nichtintensiven Belastungen – z. B. bei Bergwanderungen – können diese KH-Lieferanten jedoch durchaus konsumiert werden.

Als optimale KH-Quellen für hochintensive Ausdauerbelastungen sind demnach raffinierte (vorverdaute) KH mit geringem Nahrungsfasergehalt zu betrachten:

- Monosaccharide (Glukose),
- Disaccharide (Sukrose, Maltose),
- Polymere (Maltodextrine, Malzextrakt),
- Stärken (lösliche Stärke).

Diese KH-Arten weisen den zusätzlichen Vorteil der Wasserlöslichkeit auf, ein sehr wichtiger Aspekt, da sowohl der KH- als auch der Flüssigkeitsbedarf (s. A.3.1.1) von der Dauer und Intensität der Belastung abhängig sind. Im allgemeinen haben sich die oben erwähnten KH-Arten zur Erhöhung der Blutglukosewerte und Oxidationsraten während des Trainings und zur Beeinflussung der Leistung als ungefähr gleich wirksam erwiesen [43, 44, 82]. Auch in bezug auf die Beeinflussung der Blutinsulinwerte unter Belastung wurden offenbar keine Unterschiede beobachtet [44]. Einige ältere Studien führten zur Schlußfolgerung, daß die Einnahme von rasch resorbierbaren KH vor dem Training einen raschen Anstieg der Blutglukose und des Insulins hervorruft, der bei Beginn der Körperbelastung zu einer Reboundhypoglykämie und verminderter Leistung führt. Diese Studien wurden jedoch nach nächtlichem Fasten der Sportler durchgeführt, und die KH wurden im Ruhezustand, 45–60 Minuten vor dem Training eingenommen, – Bedingungen also, die dem Normalfall des Ausdauersportlers nicht vergleichbar sind, der vor dem Wettkampf ein Frühstück einnimmt und ein Aufwärmetraining durchführt. Unter praxisnahen Bedingungen durchgeführte Studien ergaben keine Reboundhypoglykämie [26, 27]. Unterdessen haben zahlreiche Untersuchungen gezeigt, daß sich die Einnahme von KH vor dem Wettkampf vorteilhaft auswirkt, indem sie den Zeitpunkt der Ermüdung hinauszögert (für einen Überblick s. [44, 45]).

Eine mögliche Ausnahme bildet Fruktose, die einerseits normale Blutzuckerspiegel aufrechterhält, die Insulinsekretion nicht beeinflußt und die Mobilisierung freie Fettsäuren weniger hemmt als Glukose, andererseits wird Fruktose langsam resorbiert und kann, laut einigen Autoren, bei Einnahme in Konzentrationen von >30 g/l im Ruhezustand und unter Belastungsbedingungen Darmbeschwerden verursachen [128]. Diese Wirkung wurde allerdings in einer Studie, in der bis 1 g/ kg Körpergewicht während des Trainings eingenommen wurde, nicht beobachtet [49]. Außerdem wurden bei Fruktose geringere Oxidationsraten während der Energiegewinnungsprozesse beobachtet, was höchstwahrscheinlich auf eine höhere Affinität des im Muskel befindlichen Enzyms Hexokinase zur Glukose zurückzuführen ist. Dies läßt Fruktose als ausschließliche Energielieferantin während des Trainings in einem weniger attraktiven Licht erscheinen [24, 44, 45, 49, 112, 128]. In

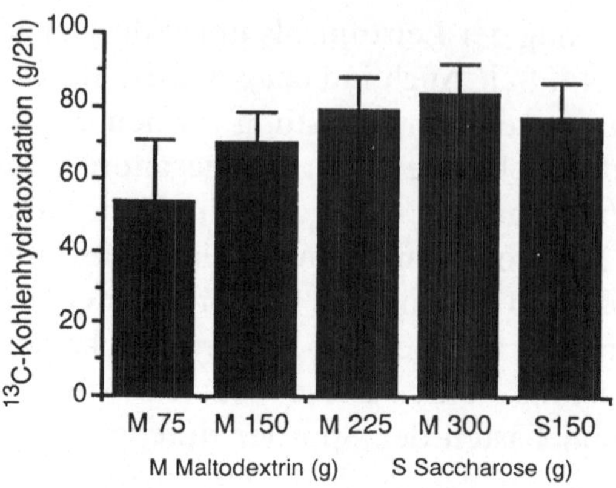

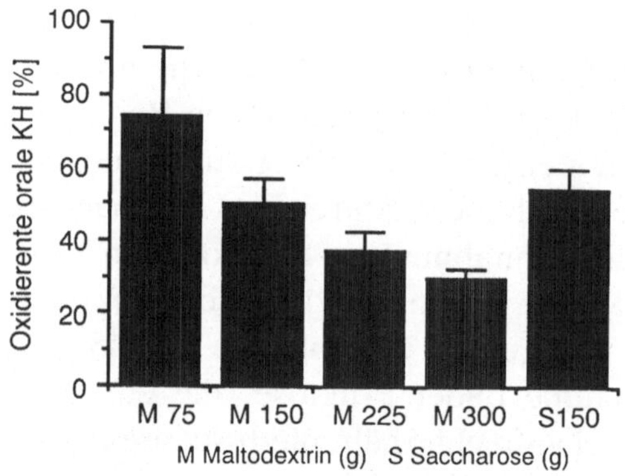

Abb. 11. a, b. Orale Kohlenhydrate werden während der Leistung oxidiert und tragen so zur Energieproduktion bei. Durch Erhöhung der KH-Aufnahme auf ca. 100 g/h erhöht sich deren Oxidation. Höhere KH-Aufnahmen haben keinen Effekt, höchstwahrscheinlich aufgrung verlangsamter Magenentleerung. Dies wird durch den Prozentsatz der oxidierten KH deutlich aufgezeigt. Interessanterweise werden Glukosepolymere (Maltodextrine) ebensogut oxidiert wie Sukrose (Saccharose). [nach Wagenmakers, 212]

niedrigen Konzentrationen von < 35 g/l oder in Kombination mit glukosespendenden KH-Quellen (z. B. Glukose, Sukrose, Maltose, Maltodextrine, lösliche Stärke) verursacht Fruktose u. U. keine Magen-Darm-Beschwerden und stellt eine zusätzliche Energiequelle für die Leber dar. Es wurde nachgewiesen, daß die Resorption von Fruktose verbessert wird und dosisabhängig ist, wenn Fruktose zu gleichen Teilen mit Glukose oder als Fruktose eingenommen wird [160].

Hinsichtlich Geschmack und gastrointestinaler Verträglichkeit besitzen Stärkehydrolysate (Maltodextrin/Glukosepolymere) gegenüber löslicher Stärke den Vorteil, daß sie weniger süß sind als Mono- und Disaccharide. Außerdem haben sie einen geringeren Einfluß auf die Osmolalität des Getränkes und erhöhen nachweislich die quantitative Glukoseresorption, was bei höheren KH-Konzentrationen ein Vorteil ist [155]. In höheren Konzentrationen (100–200 g/l) wären Getränke mit gelösten Mono-/Disacchariden stark hypertonisch, was für Maltodextrine/Glukosepolymere oder Stärke nicht zutrifft.

Abb. 12. Das 6 Tage dauernde Tour-de-France-Simulationsexperiment in einer Respirationskammer an der Universität Limburg, Maastricht, Niederlande. Indirekte Kalorimetrie ermöglicht es, fortlaufend den Energieverbrauch zu messen

2.1.2.1 Die Einnahme von Kohlenhydraten
unter Ruhebedingungen

Nach Beendigung des Trainings sollten die endogenen KH-Reserven wieder aufgebaut werden. Je nach der Zeit, die bis zur vollkommenen Erholung zur Verfügung steht, d.h. je nach dem Zeitabstand bis zum nächsten Training, ist ein mehr oder weniger rascher Wiederaufbau notwendig.

Es wurde nachgewiesen, daß die Glykogensynthese in den ersten Stunden nach dem Training am raschesten erfolgt. Danach nimmt die Geschwindigkeit der Synthese schrittweise ab [44, 45, 90]. Die Glykogensynthese ist nur möglich, wenn die notwendigen Bausteine, d.h. die Glukosemoleküle, bereitgestellt werden. Die Nettogeschwindigkeit der Glykogensynthese ist deshalb von der Synthesekapazität und dem quantitativen Glukoseangebot abhängig [39, 44, 45]. Letzteres wiederum hängt weitgehend vom Charakter der eingenommenen Nahrung, d.h. von der Geschwindigkeit, mit der diese verdaut und resorbiert wird, ab. Auch die Art des KH-Energieträgers kann einen Einfluß haben. Glukose begünstigt die Erneuerung von Muskelglykogen, während Fruktose in erster Linie von der Leber aufgenommen wird und deshalb die Neubildung von Leberglykogen fördert [17, 91].

Falls die nächste Belastung nach 1–2 Tagen stattfindet, sollte sich der Sportler mittels Normalkost von hohem KH-Gehalt (55–65) Energie-% ; = Prozentanteil am täglich zugeführten Energietotal) regenerieren, wobei insbesondere Nahrungsmittel mit niedrigem glykämischen Index, wie z.B. Vollkornprodukte, Obst, Gemüse etc., zu empfehlen sind. Langsam verdauliche und resorbierbare Lebensmittel sind in dieser Situation vorteilhaft. Tagesrationen von 400–600 g KH sollten unter diesen Umständen ausreichen, um die Glykogenreserven für einen Energieverbrauch von bis zu 4000 kcal zu erneuern [39]. Bei sehr hohem täglichem Energieumsatz, wie z.B. bei mehrtägigem Radrennen, und bei hoher Belastungsintensität reicht jedoch eine KH-Zufuhr mit der Normalkost nicht aus, um den Energiebedarf zu decken. Der KH-Bedarf kann in solchen Situationen >12 g/kg Körpergewicht/Tag betragen. Die ausschließliche Zufuhr von KH mit der Normalkost führt zu einem überhöhten Volumen des Darminhalts und verursacht Gastrointestinalbeschwerden. In der Folge essen Sportler, die gewöhnliche, feste Nahrung zu sich nehmen, an Tagen mit langdauernder intensiver Körperbelastung zu wenig, was zu einer negativen Energiebilanz und einer ungenügenden Versorgung mit KH führt. Dieser hohe Bedarf kann nur durch zusätzliche Einnahme von Nahrung/Getränken mit hoher KH-Dichte gedeckt werden [25, 101, 165]. Bei begrenzter Erholungszeit, d. h. falls das nächste Training oder der nächste Wettbewerb noch am selben Tag stattfindet, sollte die Zwischenmahlzeit aus leicht verdaulichen und rasch resorbierbaren Nahrungsmitteln mit hohem glykämischem Index bestehen. In diese Kategorie fallen beispielsweise vorverdaute, gekochte und pürierte Kartoffeln, Reis, Nudeln oder Maisstärke, KH-Lösungen können während des Trainings und in jeder Situation eingenommen werden, in der eine KH-Zufuhr mit der Normalkost nicht möglich oder nicht ausreichend ist und in der sie dazu beiträgt, die Glykogenreserven in den ersten Stunden nach der Körperbelastung zu erneuern [44, 45, 53, 98].

2.2 Fett

Von den KH abgesehen stellt Fett die wichtigste Energiequelle für sportlich aktive Personen dar. Die Bedeutung des Fettes für die Energiegewinnung hängt von der Belastungsintensität sowie von der Verfügbarkeit von KH ab. Im folgenden soll die Rolle des Fettes als Teil der gesamten Energiespeicherung im Organismus kurz geschildert werden. Danach werden wir darlegen, wie die Nutzung der Fette zur Energiegewinnung und die Fettreserven des Organismus durch Körperarbeit beeinflußt werden. Für eine schematische Darstellung des Fettstoffwechsels s. Kap. 6.

2.2.1 Fettreserven

Bei untrainierten gesunden Personen beträgt der Fettanteil an der Körpermasse 20–35 % (Frauen) bzw. 10–20 % (Männer). Fett wird im Körper in Form von Triglyzeriden in den Fettzellen (Adipozyten) gespeichert, die zusammen das Fettgewebe bilden. Kleine Triglyzeridmengen sind außerdem in den Muskelzellen gespeichert oder zirkulieren an Albumin gebunden im Blut.

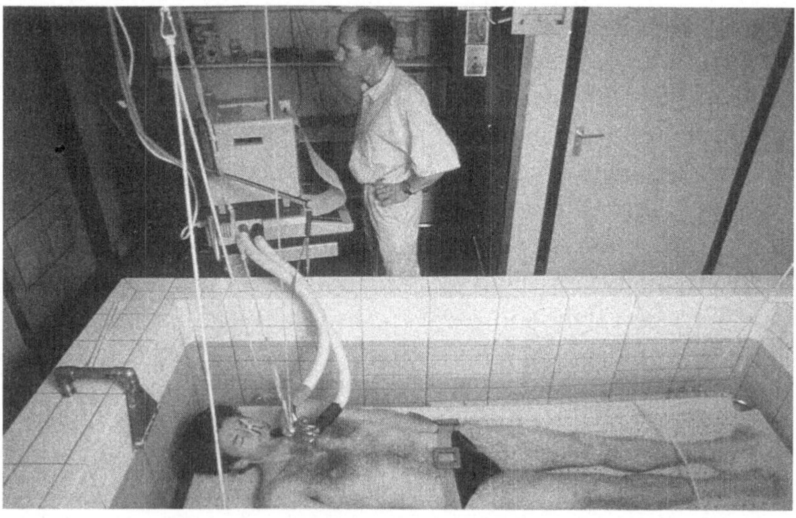

Abb. 13. Bestimmung der fettfreien Körpermasse und des Körperfettgehaltes durch hydrostatisches Wägen. Das Lungenvolumen, das mittels einer Heliumverdünnungstechnik bestimmt wurde, wird korrigiert (Foto R. u. L.)

2.2.1.1 Fettgewebe

Der größte Teil des Fettgewebes befindet sich unter der Haut (subkutanes Fettgewebe). Bedeutende Fettmengen umgeben außerdem die Bauchorgane.

Je nach den langfristigen Ernährungsbedingungen kann dieser Fettspeicher sehr klein werden, wenn die Energiebilanz über längere Zeit negativ bleibt, oder im Falle einer langdauernden positiven Energiebilanz (z. B. bei chronischer Überernährung) stark anwachsen.

Bei gut trainierten Personen ist die gesamte im Fettgewebe gespeicherte Fettmenge im Vergleich zu inaktiven Personen kleiner; sie beträgt bei Männern 5–15 % und bei Frauen 10–25 % [203]. Trotzdem besitzt diese Fettmenge ein erhebliches Energiepotential (zirka 7000 kcal/kg Körperfett), so daß dieses Gewebe zum bedeutendsten Energiespeicher wird, wenn über längere Zeit ein Energiedefizit herrscht und sich die KH-Speicher des Körpers nach und nach erschöpfen. Dieser Fall tritt bei chronischem Nahrungsentzug oder in kürzeren Perioden mit stark erhöhtem Energieverbrauch auf, der zu einer negativen Energie(KH-)Bilanz führt [19, 134, 136, 138]. Eine gewisse Menge Kohlenhydrate wird jedoch immer benötigt, um die für den Zitronensäurezyklus erforderlichen Zwischenprodukte zu liefern (Substanzen, die zur Aufrechterhaltung der aeroben Energiegewinnung benötigt werden). Aus diesem Grunde beginnt der Organismus in allen Fällen von Blutzuckermangel, Glukose aus anderen Substraten zu produzieren, ein Vorgang, der als Glukoseneubildung bezeichnet wird [135, 138].

Einfluß der Körperbelastung

Bei körperlicher Belastung führen verschiedene neurale, metabolische und hormonelle Stimuli sowohl zu einer erhöhten Fettutilisation als auch zu einer erhöhten Fettmobilisierung. In den Mitochondrien der Muskelzellen vorhandenes

Fett in Form freier Fettsäuren (FFS) wird vermehrt oxidiert.
In der Folge nimmt die Konzentration von FFS in den Muskel-
zellen ab, was die Aufnahme von FFS aus dem Bild stimuliert.
Die vermehrte Durchblutung des Muskels bildet den ersten
Schritt zu einer erhöhten Versorgung der Muskelzellen mit
FFS. Dieser Prozeß des Transports, der Aufnahme und der
Mobilisierung von FFS wird durch die Wirkung der sog. Streß-
hormone (Adrenalin und Noradrenalin) verstärkt, die wäh-
rend Körperbelastungen vermehrt ausgeschüttet werden und
durch Senkung des Blutinsulins und erhöhte Aktivität des
Zentralnervensystems die Lipolyse verstärken [19, 134, 138].

Die für die Erreichung einer erhöhten Fettoxidation erforderlichen Schritte sind sehr zahlreich und komplex. Dies ist
der Hauptgrund, weshalb die Erreichung einer Steady-state-
Anpassung rund 20 min. erfordert (Abb. 14).

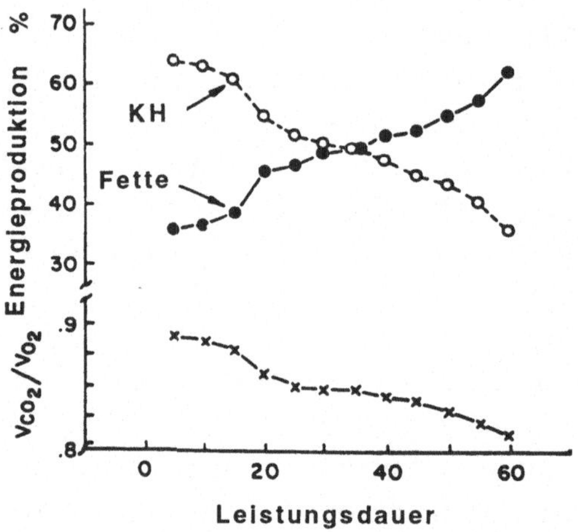

Abb. 14. Fettmobilisierung, -transport und -verwertung sind relativ langsame Prozesse. In der Startphase einer körperlichen Aktivität wird ein
Großteil der Energie aus dem KH-Stoffwechsel freigesetzt. Nach ungefähr 20 Min. ist der Fettstoffwechsel voll aktiviert, während die KH-Verwertung vermindert wird. (Mit freundl. Genehmigung der Assoc. Collo-
ques Physiologie St. Etienne: Costill DL, 1979, Le métabolisme lipidque
pendant l'exercice de longue durée. In: Lacour JR (ed) *Comptes rendus
du colloque de St. Etienne*, p 42)

Aus diesem Grund muß jeder Energiemangel in der Anfangsphase so lange durch die KH-Verwertung kompensiert werden, als die Umsatzkapazität und die Energieproduktion des Fettes nicht ihr maximales Niveau erreichen [1, 136]. Die Energieproduktion der KH ist außerdem auch „schneller" als die des Fettes [119]. In den Fettgeweben gespeicherte FFS werden für eine sehr lange Zeitspanne verfügbar, sobald eine Erhöhung der Mobilisierung, des Transports und der Aufnahme von Fett – die zu einem metabolischen Steady state führt – erreicht worden ist. Wäre Fett das einzige Substrat, so würde dies dem Menschen theoretisch ermöglichen, während > 70 Stunden mit Marathongeschwindigkeit zu laufen, was einem Energieverbrauch von > 70 000 kcal entsprechen würde [136].

Dies wäre jedoch nur möglich, wenn das Fett eine ausreichende Energiemenge zur Verfügung stellen könnte und keine Schmerzen im Bewegungsapparat auftreten würden. Beim Laufen mit Wettkampfgeschwindigkeit stellt die KH-Verfügbarkeit einen der Faktoren dar, welche die Dauer der Leistungsfähigkeit begrenzen, da Fett allein bei hochintensiver Körperbelastung eine unzureichende Energiequelle darstellt [136, 137].

Regelmäßiges Ausdauertraining erhöht die Fähigkeit der Skelettmuskulatur, Fett als Energiequelle zu nutzen. Eine vermehrte Nutzung von Fett als Energiequelle bei Ausdaueraktivitäten ermöglicht es dem Sportler, den KH-Verbrauch bei gegebener Belastungsintensität zu verringern. Dadurch werden die endogenen KH geschont, was den Zeitpunkt der Erschöpfung hinauszögern kann. Außerdem erhöht sich die Empfindlichkeit der Fettzellen gegenüber Stimuli für die FFS-Mobilisierung, was eine raschere Anpassung an einen erhöhten Bedarf während der Belastung ermöglicht [19].

Bei maximaler Belastungsintensität scheint jedoch die KH-Utilisation mit vollem Tempo vor sich zu gehen, und die Erhöhung der Blut-FFS führt nicht automatisch zu einer Verminderung des Muskel- und Leberglykogenverbrauchs [7, 162].

2.2.1.2 Muskelfett

In der Muskulatur wird Fett in Form von Triglyzeriden als kleine Fetttröpfchen gespeichert, die sich in der Nähe der Mitochondrien befinden. Diese Fettablagerungen stellen jedoch nur einen Teil des gesamten Fettspeichers dar. Obwohl Ausdauersportler im Vergleich zu inaktiven Personen weniger Fettgewebe besitzen, weisen ihre Muskeln einen höheren Fettgehalt auf [25].

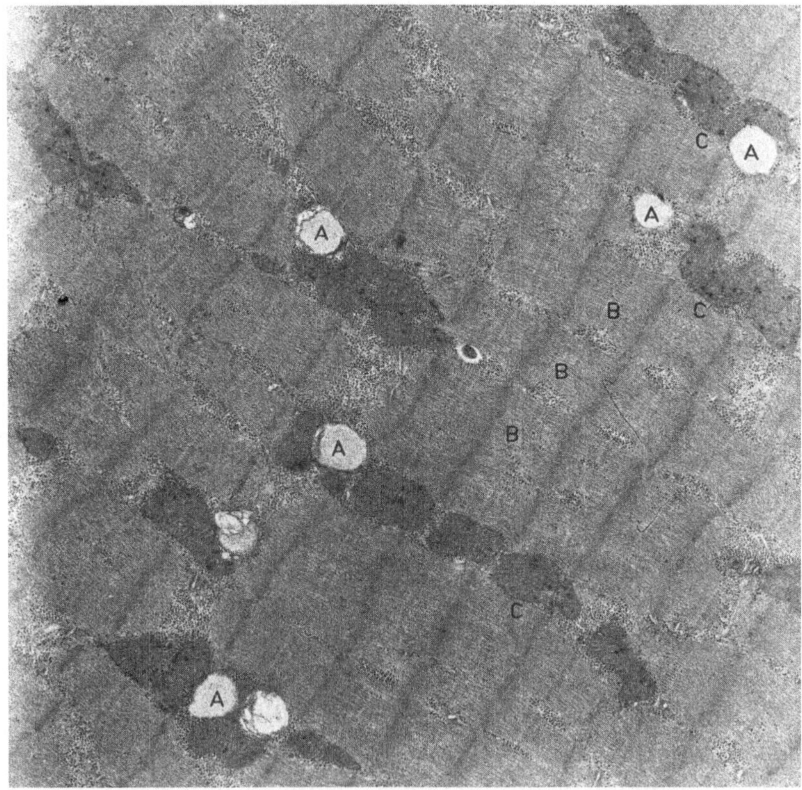

Abb. 15. Muskelgewebe enthält Fett in Form kleiner „Fetttropfen" (A), die in den Muskelfasern (B) in der Nähe des Mitochondriennetzwerks (C) gespeichert sind. Ausdauer trainerte Athleten besitzen mehr intramuskuläres Fett

Warum verhält sich dies so? Ein möglicher Grund ist der, daß Ausdauertraining zu einer teilweisen Depletion des intramuskulären Fettes führt. Eine Vergrößerung dieses Fettspeichers würde somit eine Erhöhung der Verfügbarkeit von Substanz bedeuten. Dies würde an sich einem normalen physiologischen Anpassungsvorgang entsprechen. In Relation zum Gesamtkörperfett ist der intramuskuläre Fettgehalt sehr klein (Abb. 15).

Einfluß der Körperbelastung

Wissenschaftliche Daten lassen vermuten, daß die Adipozyten im gleichen Sinne wie die Muskeltriglyzeride durch Körperbelastung beeinflußt werden. Abnehmende intramuskuläre FFS-Konzentrationen sowie neurale und hormonelle Stimuli fördern die Lipolyse, was zur Freisetzung von FFS führt, die von den Mitochondrien für die oxidative Energieproduktion aufgenommen werden.

In der Folge nehmen die intramuskulären Fettspeicher, wie nachgewiesen wurde, ab [19, 25].

2.2.2 Fettkonsum

Körperlich inaktive Menschen in Industrieländern nehmen 35–45 % der insgesamt zugeführten Energie in Form von Fett ein [19, 131]. Diese Zahlen sind relativ hoch gemessen an den Empfehlungen, wonach die tägliche Kost reich an KH (>50 Energie-%) sein sollte (Energie-% = Prozentanteil an der gesamten täglichen Energiezufuhr). Für Sportler wird i. allg. empfohlen, die Fettaufnahme auf ca. 20–30 Energie-% zu reduzieren, wodurch die KH-Zufuhr auf 60–70 Energie-% erhöht wird [19, 39, 44, 45, 90, 173]. Diese reduzierte Fettaufnahme sollte v. a. durch den Konsum von magerem Fleisch, fettarmen industriellen Nahrungsmitteln sowie durch die Einschränkung des Konsums von gebratenen und anderen stark fetthaltigen Speisen erfolgen. Die

Aufnahme von gesättigten Fettsäuren sollte auf weniger als 10 Energie-% reduziert werden, dies v. a. durch die Verwendung von pflanzlichen Ölen für die Zubereitung der Mahlzeiten. Aufgrund der verbesserten Nahrungsmittelqualität und der erhöhten täglichen Energiezufuhr resultiert die niedrige Fettaufnahme von 20–30 Energie-% bei Sportlern in einer mehr als ausreichenden Versorgung mit essentiellen Fettsäuren, die für die normalen biologischen Funktionen benötigt werden (mindestens >1 Energie-% vorzugsweise ca. 7 Energie-% [131]).

2.2.2.1 Fettsupplementierung

Für Personen, die sich intensiven sportlichen oder sonstigen Körperbelastungen unterwerfen, scheint es keinen Grund für eine Fettsupllementierung während der körperlichen Tätigkeit zu geben. Die Fettreserven im Organismus sind groß genug, um jedweden Bedarf zu kompensieren. Außerdem erhöht die lipolytische Stimulierung während der Belastung die Blut-FFS-Konzentrationen so sehr, daß eine maximale Rate der FFS-Aufnahme durch die Muskelzellen und die Mitochondrien erreicht wird. Die orale Zufuhr von Fett kann zwar die Blut-FFS-Konzentrationen, nicht aber die Aufnahme in den aktiven Muskelzellen und die Oxidationsraten zusätzlich erhöhen [19] und ist daher möglicherweise nicht dazu geeignet, die Utilisation von Muskel- und Leberglykogen zu reduzieren [7, 162].

Es geht im Gegenteil darum, die gesamte Fettaufnahme zu reduzieren, einen höheren KH-Konsum zu ermöglichen und gleichzeitig die Energiebilanz aufrechtzuerhalten. Spezielle (leicht verdauliche und rasch resorbierbare) Nahrungsmittel/Mahlzeiten,die für hochintensive Ausdaueraktivitäten, wie Triathlon, Hochalpinismus, mehrtägige Ausdauerwettkämpfe etc., entwickelt wurden und die normale KH-reiche feste Nahrung ersetzen, können Mischungen von leicht verdaulichen KH, Fett und Protein sein. Solche Nahrungsmittel, welche die Normalkost unter Trainingsbedingungen ersetzen, sollten <30 Energie-% Fett enthalten.

Mehrfach ungesättigte Fettsäuren können bekanntlich die Struktur der Zellmembran insbesondere der roten Blutzellen, beeinflussen. Es ist berichtet worden, daß eine erhöhte Aufnahme von Omega-3-Fettsäuren mittels Supplementierung zu erhöhter Plastizität der roten Blutzellen, maximalem Sauerstoffverbrauch und besseren Blutsauerstoffwerten bei Sportlern führte, die ein Höhentraining absolvierten (Abb. 16, [77].

Tryglyzeride von mittlerer Kettenlänge (MCT), die rasch im Darm (als KH) aufgenommen und leicht in die Mitochondrien transportiert werden [22], können eine interessante Komponente für Wettkampfmahlzeiten von Ausdauersportlern darstellen. Orale MCT werden laut Berichten während Belastung rasch oxidiert [7, 48, 111] und könnten somit als Substrat bei langdauernden Ausdaueraktivitäten mit geringerer Belastungsintensität dienen. Es ist gezeigt worden, daß die Einnahme von MCT vor der Belastung nicht leistungssteigernd wirkt [7, 92, 162]. Daher muß der Einfluß von MCT-Fett auf die Magenentleerung, die Resorption und die Oxidation während der Belastung erforscht werden, bevor endgültige Schlüsse in bezug auf mögliche Vorteile gezogen werden können.

Abb. 16. Fisch ist eine exzellente Quelle für mehrfach ungesättigte Fettsäuren. Omega-3-Fettsäuren sind wichtig für die Zellplastizität und die Streßtoleranz der roten Blutkörperchen

2.3 Protein

Protein stellt eine wichtige Grundlage für das Wachstum und die Entwicklung der Organe und Gewebe dar. Für das Wachstum sind Aminosäuren als Baustoffe erforderlich, und es ist bekannt, daß eine ungenügende Versorgung mit Stickstoff im allgemeinen oder mit essentiellen Aminosäuren (jene, die nicht vom Organismus produziert werden können) im besonderen mit Beeinträchtigungen des Wachstums – v. a. des Muskelgewebes – und mit anderen Gesundheitsstörungen einhergeht. Hier soll kurz beschrieben werden, auf welche Weise Protein an wichtigen biologischen Funktionen beteiligt ist, und wie diese durch die Körperbelastung beeinflußt werden.

2.3.1 Proteinreserven

Der menschliche Organismus verfügt über keine Proteinreserven/-speicher, die dem großen Energiespeicher des Körperfetts oder dem relativ bescheidenen Glykogenspeicher entsprechen würden.

Alle Proteine, die sich im Organismus befinden, sind funktionelle Proteine, d. h. sie sind Bestandteil der Gewebestrukturen oder gehören Stoffwechselsystemen (z. B. Transportsystemen, Hormonsystemen etc.) an.

Überschüssiges Protein kann nicht als Protein gespeichert werden; es wird vielmehr chemisch gespalten, so daß der Stickstoff mit dem Harn ausgeschieden wird und der Rest entweder direkt für die Energieproduktion verwendet oder metabolisch umgewandelt werden und als Glykogen oder – zu einem sehr kleinen Teil – als Fett gespeichert wird.

Trotzdem besitzt der Organismus aber 3 wichtige funktionelle Protein-pools, aus denen unter Streßbedingungen, wie z. B. Nahrungsentzug oder Energiedepletion, Aminosäuren

(AS) verfügbar gemacht werden können [25, 63, 64, 71, 106, 107, 125, 138, 139, 157, 187, 188].

1. Plasmaproteine und AS,
2. Muskelprotein und intrazelluläre AS (Abb. 17),
3. Eingeweideprotein und intrazelluläre AS.

2.3.1.1 Plasmaproteine und Aminosäuren

Zwei wichtige Plasmaproteine sind Albumin und Hämoglobin. Beide sind an Transportvorgängen als Trägersubstanzen beteiligt und können infolge langfristiger ungenügender Protein(Stickstoff)- und/oder Energieaufnahme depletiert werden. Andere Plasmaproteine, die rasch umgesetzt werden, wie z.B. Präalbumin und Retinol-bindendes Protein, reagieren auf kurzfristige Veränderungen und werden deshalb als Marke für den Ernährungszustand verwendet [161].

Da Transportproteine, wie z.B. Hämoglobin, einen wichtigen Bestandteil der Stoffwechselketten für die Energieproduktion bilden, kann man folgen, daß jede Abnahme zu Beeinträchtigungen des Stoffwechsels führt und die Leistungskapazität beeinflußt. Besonders bei Sportlern vermindert ein Rückgang des Hämoglobins bekanntlich die Sauerstofftransportkapazität und die Fähigkeit zu Ausdauerleistungen [38, 209].

Plasma-AS bilden den zentralen Pool metabolisch verfügbarer Proteinsubstanzen. Jedes Protein, das eingenommen wird, beeinflußt den Plasma-AS-Pool. Jede AS, die der Synthese von funktionellem Protein dient, wird aus diesem AS-Pool bezogen. Die Zusammensetzung der Plasma-AS bewegt sich in einem engen Spektrum. Eine Knappheit an nichtessentiellen AS löst die Produktion dieser AS durch den Organismus aus. Eine Knappheit an essentiellen AS dagegen kann nicht durch eine Neusynthese (körpereigene Produktion) kompensiert werden. Es gibt nur 2 Wege, um diesen Mangelzustand auszugleichen: entweder die Einnahme von

Proteinen, die diese essentiellen AS enthalten, oder der Abbau von körpereigenen funktionellen Proteinen, in welche diese essentiellen AS eingebaut sind. In der Folge werden diese AS aus dem Plasma-pool freigesetzt.

Neben ihrer Aufgabe als Bestandteile der Gewebestrukturen besitzen die AS Schlüsselfunktionen innerhalb des Energie- und ZNS-Stoffwechsels.

AS spielen eine zentrale Rolle im intermediären Stoffwechsel, indem sie als Vorstufen für die Glukoseneubildung sowie für Hormone und Peptide mit Neurotransmitterfunktion dienen [64, 71, 80, 99, 106, 107, 125, 149, 157, 187, 188, 204].

Jede ausgeprägte Veränderung in der Zusammensetzung der Plasma-AS kann deshalb Änderungen in der Rate der Proteinsynthese sowie der Wachheit, Müdigkeit, Stimmungslage etc. hervorrufen [206]. Jede lang anhaltende Veränderung kann deshalb gesundheitliche Konsequenzen haben.

Einfluß der Körperbelastung

Es ist bekannt, daß die Zusammensetzung der Plasma-AS durch Körperarbeit verändert wird. Es ist auch nachgewiesen worden, daß verzweigtkettige Aminosäuren (BCAA: Leucin, Valin, Isoleucin) zur Energieproduktion während Körperbelastungen beitragen. Infolgedessen nehmen ihre Plasmakonzentrationen ab [1, 106, 107, 187, 188]. Dies hat 2 wichtige Folgen:

1. Abgespaltener Stickstoff führt zur Bildung von Ammoniak, einem Stoffwechselendprodukt, von dem bekannt ist, daß es toxisch ist und zur zentralen Müdigkeit führt [29, 187, 188].
2. Das Verhältnis von BCAA zu anderen Aminosäuren verändert sich. In der Folge überschreiten einige AS, die als Vorstufen für Hormone und ZNS-aktive Peptide dienen, die Blut-Hirn-Schranke, so daß sich deren Konzentration im Gehirn erhöht.

Man nimmt an, daß diese Vorgänge die Neurotransmission und die Ermüdung beeinflussen [139]. Je größer diese Veränderungen im Bereich der Plasma-AS sind, desto stärker ausgeprägt ist möglicherweise ihr Effekt auf den intermediären Stoffwechsel und die Ermüdung.

Es wurde nachgewiesen, daß ein Mangel an KH (Glykogen, Blutglukose) den Bedarf an Protein (BCAA) für die Energieproduktion dramatisch steigert [106, 107, 188].

Vor kurzem sind zu dieser Frage 2 wichtige Beweisketten veröffentlicht worden [187, 188, 189].

1. Die Depletion der endogenen KH-Pools führt zu
   - dramatischen Veränderungen im Bereich der intramuskulären AS und Plasma-AS;
   - Erhöhungen der Aktivität von Enzymkomplexen, die an der Spaltung und Oxidation von BCAA beteiligt sind;
   - rasch zunehmenden Konzentrationserhöhungen von intramuskulärem und Plasmaammoniak;
   - Verkürzung der Zeitspanne bis zum Eintritt der Erschöpfung sowie
   - erhöhten Stickstoffverlust durch Schweiß und Harnausscheidung (Abb. 18).
2. Durch eine Supplementierung mit KH, welche die Verfügbarkeit von endogenen KH sicherstellt, können diese Veränderungen minimal gehalten werden.

Sportliche Anstrengungen unterwerfen den Organismus immer einem energetischen Streß und führen zu einer erhöhten Utilisation von AS, von denen einige essentiell sind. Bei Ausdauerleistungen wird diese Utilisation durch die Depletion des endogenen KH-Pools maximiert oder – analog – auf ein Minimum reduziert, wenn die KH konstant verfügbar sind.

Abb. 17. Kugelstoßweltmeister Werner Günthör. Für Kraftsportler charakteristisch ist die große Muskelmasse

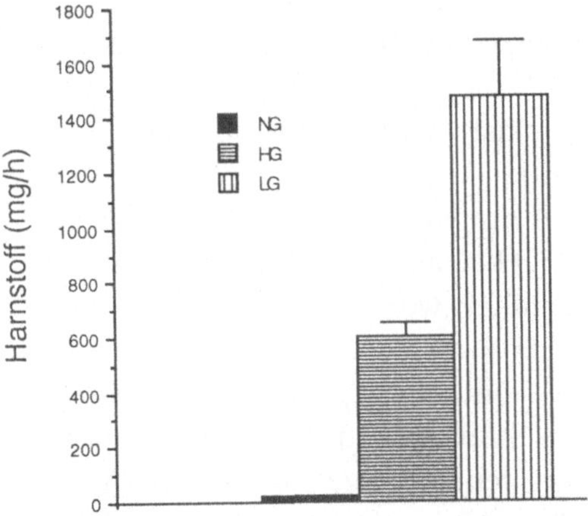

Abb. 18. Einfluß von KH-Verfügbarkeit auf Stickstoffverluste in Form von Harnstoff im Schweiß in Ruhe bei NG (normales Glykogen) und während der Leistung bei HG (hohes GIykogen) oder LG (tiefes Glykogen). (Mit freundl. Genehmigung der American College of Sportsmedicine: Lemon PWR et al. 1981, Effects of exercise on protein and amino acid metabolism. *Med Sci Sports Exerc* 13/3: 142)

2.3.1.2 Muskelprotein

Die Muskelmasse stellt den größten Protein-pool des Organismus dar. Neben dem funktionellen Aspekt, der darin besteht, daß Muskelprotein kontraktionsfähig ist und dadurch mechanische Arbeit erzeugt, wurde auch die Vermutung geäußert, daß dieses Eiweiß als Pool dient, der unter Aushungerungsbedingungen Aminosäuren bereitstellt [125, 138]. Aushungerung ist durch einen Schwund der Muskelmasse gekennzeichnet.

Drei Ziele können unter solchen Bedingungen durch die chemische Spaltung von Muskelgewebe erreicht werden:

1. Freisetzung von AS als Mittel zur Energieproduktion und Aufrechterhaltung eines normalen Blutglukosespiegels (Glukoseneubildung);
2. Bereitstellung essentieller Aminosäuren zwecks Aufrechterhaltung der normalen Zusammensetzung der Plasmaaminosäuren;
3. Freisetzung von Glutamin zwecks Aufrechterhaltung eines normalen Plasmaglutaminspiegels, der vermutlich für die Immunkompetenz und die normale Darmfunktion von Bedeutung ist.

Von diesen wichtigen metabolischen Aspekten abgesehen kann eine Abnahme des Muskelproteins auch infolge von Veränderungen des Verhältnisses zwischen anabolischen und katabolischen Hormonen auftreten. Aushungerung, aber auch durch Energieverarmung bedingte physische Erschöpfung können bekanntlich das anabolisch-katabolische Gleichgewicht in Richtung des Katabolismus verschieben. In der Folge kann die Neusynthese von Protein auf niedrige Werte abfallen. Ein erhöhter Abbau und eine vermehrte Oxidation von Protein, kombiniert mit einer verringerten Synthese, können in einem Nettoverlust von funktionellem Protein resultieren, der als negative Stickstoffbilanz nachweisbar ist.

Einfluß der Körperbelastung

Belastungsbedingte Erhöhungen der AS-Oxidation und Stickstoffverluste sind in zahlreichen Studien beschrieben worden [25, 64, 106, 107, 157, 187, 188]. Es sind Debatten über die Frage geführt worden, ob die im Verlaufe langdauernder Belastung oxidierten AS aus dem Muskel, dem Gastrointestinaltrakt inklusive Leber oder aus beiden Quellen stammen. Messungen im Inneren bestimmter Muskelgruppen (basierend auf dem Nachweis arteriovenöser AS-Differenzen) ergaben, daß einige AS während Belastungen produziert/freigesetzt werden. Dies muß jedoch nicht unbedingt auf einen Nettokatabolismus des Muskelgewebes hinweisen, da der Muskel auch in der Lage ist, AS – z.B. Alanin aus Pyruvat und Stickstoff, die aus der Spaltung anderer AS freigesetzt wurden – zu synthetisieren.

Darüber hinaus können durch mechanischen Streß verursachte Mikroschädigungen der Muskelzellen zum Verlust von AS und Proteinen, z.B. Enzymen, führen. Solche Schädigungen, die bekanntlich bei Laufaktivitäten und im Verlaufe negativer Arbeit (exzentrische Kontraktionen, z.B. beim Bergabwärtsgehen oder -laufen) auftreten, setzen nach Beendigung der Aktivität Erholungs- und Entzündungsprozesse in Gang, die Schmerzen hervorrufen, die nach 2–4 Tagen am intensivsten wahrgenommen werden (den sog. verzögerten Beginn der Muskelschmerzen, DOMS) [7]. Die Erholungsprozesse sind auf die Verfügbarkeit von AS angewiesen. Die geschädigten Muskelzellen, die gespalten werden, um die Reparatur zu ermöglichen, setzen jedoch ihre AS in denselben Pool frei, aus dem auch die für die Proteinneusynthese benötigten AS stammen. Somit führt der mechanisch induzierte Katabolismus nicht notwendigerweise zu einem Nettoverlust an Protein/AS oder einem erhöhten Bedarf.

2.3.1.3 Organprotein

Die Gewebe der Körperorgane bilden nach der Muskulatur den größten Proteinspeicher. Es wurde beobachtet, daß die Organgewebe bei Nahrungskarenz und krankheitsbedingtem körperlichem Streß in entscheidendem Maße zum AS-Austausch zwischen den Organen beitragen [125].

Einfluß der Körperbelastung
Körperliche Belastung kann dazu führen, daß das Organprotein in erhöhtem Ausmaß zum Aminosäurenaustausch zwischen den Organen beiträgt [157].

Es gibt jedoch nur Spekulationen darüber, in welchem Ausmaß die aus dem Organspeicher stammenden Proteine zur Glukosebildung in der Leber und zu den Stickstoffverlusten während und nach der Belastung beitragen.

Während in vergangenen Jahren die Vermutung geäußert wurde, daß belastungsbedingte Stickstoffverluste hauptsächlich auf das Muskelprotein zurückzuführen seien, deuten neuere Befunde darauf hin, daß die Organgewebe, deren Durchblutung stark reduziert wird und in denen es unter bestimmten Bedingungen zur Ischämie kommen kann (insbesondere im Dickdarm [31], an diesen Vorgängen wesentlich beteiligt sind [157].

Eine neuere Studie über die Auswirkungen der Belastung auf den Proteinumsatz im Darm ergab, daß Körperanstrengungen eine Reduktion der Proteinsynthese und eine Erhöhung des Proteinabbaus zur Folge haben [31, 193].

Aus vorhergehenden Abschnitten kann gefolgert werden, daß der Nettoprotein(Stickstoff)-verlust bei Ausdauerbelastungen in erster Linie durch die Utilisation von aus verschiedenen Pools stammenden AS bedingt ist. Es ist bekannt, daß dieser Prozeß verstärkt wird bei energetischem Streß, z.B. in Situationen mit hohem Energiebedarf bei gleichzeitiger Glykogenverarmung und daraus resultierender negativer Stickstoffbilanz [25, 106, 107, 187, 188].

2.3.2 Proteinaufnahme

Die Empfehlungen für die mittlere Tageszufuhr betragen in den EEG-Ländern 54–105 g für Männer und 43–81 g für Frauen [183]. In den USA liegen die Bedarfsempfehlungen bei 58 bzw. 50 g oder 0,8–0,9 g/kg Körpergewicht/Tag [131]. Insgesamt beträgt die Proteinaufnahme in den wesentlichen Ländern bei gesunden Personen 10–15 Energie-% (Energie-% = Prozentanteil an der täglichen Energiezufuhr), was einer täglichen Zufuhr von zirka 50–90 g bei einer Energiezufuhr von 2000–3000 kcal entspricht.

Dieser Wert scheint bei Personen, die sich langdauernden, intensiven Belastungen unterziehen, nicht wesentlich abzuweichen. Bei Radrennfahrern, die an der Tour de France teilnahmen, wurde ein Wert von 12 Energie-% beobachtet, wobei während 3 Wochen täglich 6500 kcal zugeführt und verbraucht wurden [165].

Es kann somit gefolgert werden, daß eine erhöhte Energiezufuhr in einer erhöhten Proteinzufuhr resultiert, da letztere einem mehr oder weniger konstanten Prozentanteil an der gesamten Energieaufnahme entspricht. Dies trifft jedoch nicht für vegetarisch lebende Sportler zu, bei denen man i. a. davon ausgeht, daß ihre tägliche Proteinzufuhr aufgrund der geringen Proteindichte ihrer Nahrung vermindert ist [141], und bei denen man auch generell mit einer verminderten Energieaufnahme rechnen muß [55]. Unter dieselbe Kategorie fallen auch Sportlerinnen, die nur kleine Nahrungsmengen zu sich nehmen, z. B. Turnerinnen und Tänzerinnen [176] und – überraschenderweise – Langstreckenläuferinnen [151]. Interessanterweise leiden Sportlerinnen, die energiearme Kost mit geringem Gehalt an tierischen Proteinen zu sich nehmen, oft an Amenorrhö.

Zahlreiche Daten weisen darauf hin, daß der Proteinbedarf bei Ausdauersportlern im Bereich von 1,2–1,8 g/kg Körpergewicht/Tag liegt [105, 106, 107, 108]. Über Kraftsportler, die über eine relativ große Muskelmasse verfügen, liegen nur begrenzte Daten vor. Sehr häufig wird berichtet, daß diese Athleten (v.a. wegen ihrer größeren fettfreien Körpermasse) mehr Protein als Ausdauersportler benötigen, um ihre Bestform und optimale Leistungen zu erzielen. Oft ist dies jedoch nur behauptet worden, weil diese Sportler tatsächlich sehr viel Protein, in manchen Fällen >4 g/kg Körpergewicht, aufnehmen [108].

Über Kraftathleten liegen nur 2 gut kontrollierte Stickstoffbilanzstudien vor. Tarnopolsky [182] bestimmte die Stickstoffbilanz bei 6 Elite-Bodybuilder, 6 Elite-Ausdauersportlern und 6 untrainierten Kontrollpersonen. Er beobachtete, daß die Ausdauersportler 1,67mal mehr Proteine benötigen als die untrainierten Kontrollpersonen. Bodybuilder benötigen 1,05mal mehr Protein, um ihren Stickstoffhaushalt im Gleichgewicht zu halten. Da sich diese Studie jedoch über einen Zeitraum von nur 10 Tagen erstreckte und die Trainingsbelastung nicht explizit beschrieben wurde, bleibt es unklar, inwieweit diese Daten der wirklichen Situation in Perioden mit fluktuierendem Intensivtraining entsprechen. Walberg [191] untersuchte 6 Gewichtheber während eines Gewichtsreduktions-/Trainingsprogramms. Sie beobachtete, daß 0,8 g Protein/kg Körpergewicht/Tag zu einer negativen Stickstoffbilanz führte, während mit der doppelten RDA, 1,6 g/kg Körpergewicht/Tag eine positive Stickstoffbilanz erreicht wurde. Diese Daten deuten darauf hin, daß der Proteinbedarf bei Kraftsportlern möglicherweise nur marginal erhöht wird, wenn nicht ein hoher Energieumsatz besteht oder eine kalorienreduzierte Diät durchgeführt wird, da es unter beiden Bedingungen zu einer Abnahme der Blutglykogenreserven kommt, welche die Proteinutilisation erhöhen kann. Unabhängig von diesen auf der Grundlage von Stickstoffbilanzen erarbeiteten Daten wird jedoch allgemein davon ausgegangen, daß eine Zufuhr von 1,5–2,5 g/kg Körpergewicht bei Kraftsportlern zu optimalem Wohlbefinden und optimalen Leistungen beiträgt [108].

Eine neue Studie über die überreichliche Proteinzufuhr bei Kraftsportlern zeigte jedoch, daß eine Supplementierung mit 2 g Protein/kg Körpergewicht – zusätzlich zur Zufuhr von 1,3 g/kg Körpergewicht mit der Normalkost – den Proteinumsatz mehr als verdoppelte. Das heißt, daß sowohl die Synthese als auch der Abbau von Protein um >100 % erhöht wurden. In der Folge wurde auch die Stickstoffausscheidung mit dem Urin mehr als verdoppelt. Im Verlauf der 4wöchigen Trainingsperiode nahm die Muskelmasse der Kraftsportler jedoch signifikant zu. Dies legte die Schlußfolgerung nahe, daß die absolute Rate des Proteinumsatzes in Verbindung mit den Trainingsstimuli in einem gewissen Umfang über den Grad der Zunahme der fettfreien Körpermasse entscheidet [66]. Obwohl Zufuhrmengen in der Höhe von 2,0 g/kg Körpergewicht vom Standpunkt des Bedarfs aus gesehen völlig überflüssig erscheinen, können diese anabolische Wirkungen zeitigen. In der erwähnten Studie wurde ^{15}N-Glycin als Marker für die Rate der Proteinsynthese und des Proteinabbaus verwendet. Da die Verwendung dieser Markiersubstanz nicht ganz unumstritten ist, muß diese Studie allerdings mit Vorsicht interpretiert werden. Es bedarf weiterer Forschungen, um diese Resultate zu verifizieren (Abb. 19).

2.3.2.1 Proteinsupplementierung

Aus den vorangegangenen Abschnitten dürfte klar geworden sein, daß eine Proteinsupplementierung durch Erhöhung der täglichen Proteinaufnahme auf über 12–15 Energie-% vom Standpunkt des Ernährungsbedarfs aus gesehen für die meisten Sportler überflüssig ist.

Da die vermehrte Energiezufuhr bei Ausdauersportlern eine erhöhte Proteinaufnahme zur Folge hat, kann der Nutzen einer zusätzlichen Proteinsupplementierung im Ausdauersport in Zweifel gezogen werden. Sportler, die 5000 kcal/Tag Protein einnehmen und verbrauchen, führen sich im Vergleich zu inaktiven Personen (die nur 2500 kcal/Tag einnehmen/verbrauchen) die doppelte Proteinmenge zu. Die Proteinzufuhr kann für diese Sportler durchaus ausreichen, falls

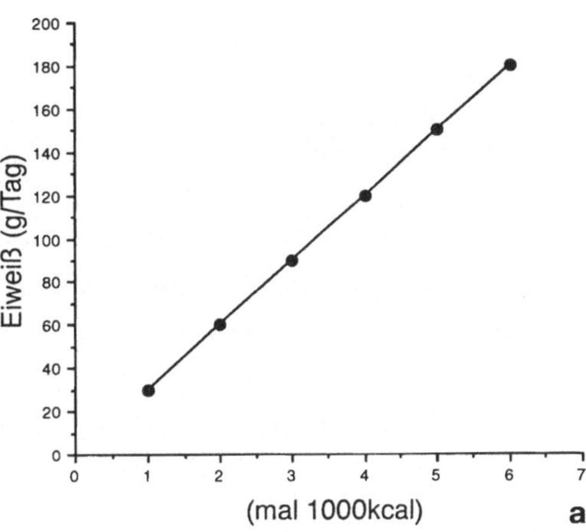

Abb. 19. a Proteinaufnahme, ausgewiesen als 12 Energie-% der totalen täglichen Energieaufnahme. Zu beachten ist, daß eine Zunahme der totalen Energieaufnahme automatisch zu einer erhöhten Proteinaufnahme führt, selbst während der Tour de France. Athleten, die weniger als 1500 kcal zu sich nehmen, können unter zu tiefer oder ungenügender Proteinaufnahme leiden. Proteinsupplementation zur Steigerung der Proteindichte der Diät ist in diesem Fall empfehlenswert.

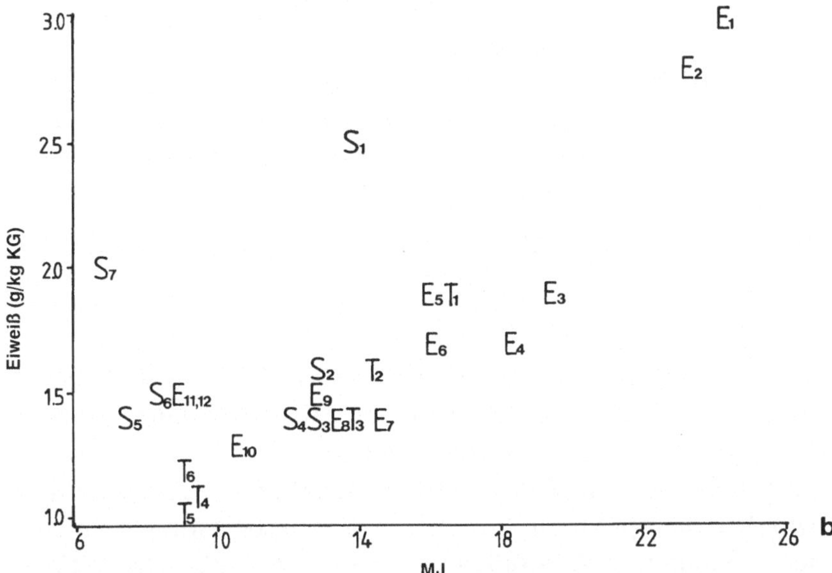

b Eiweißaufnahme bei 25 Spitzensportarten. E = Ausdauersportler, S = Kraftsportler, T = Mannschafts(Ball)sportler. Ausdauersportler befinden sich *rechts oben;* Sportler mit tief kalorischen Diäten sich *links unten.* Diese Daten zeigen einen deutlichen Zusammenhang zwischen Energie- und Eiweißkonsum. (Abb. 19 b mit freundl. Genehmigung Georg Thieme Verlag, Stuttgart, New York, A.M.J. v. Erp Baart, Int J Sports Med 10 (1989) S 3 – pp, [58].

ihre Diät vielfältig zusammengesetzt ist (d. h. wenn sie genügend mageres Fleisch, Fisch, Milchprodukte, Eier und
pflanzliche Proteine enthält). Trotzdem ist eine Proteinsupplementierung bei bestimmten Kategorien von Sportlern,
die aufgrund einer Gewichtsklasseneinteilung zum Wettkampf antreten und intensives Training mit einer gewichtsre-
duzierenden Diät kombinieren, bei vegetarisch lebenden
Athleten, die energie- und proteinarme Kost zu sich nehmen, sowie bei Sportlern, die aus irgendeinem Grund nicht
in der Lage sind, genügend Proteine aufzunehmen, gerechtfertigt [55, 141].

Diese Situation liegt bei allen Personen vor, die zwecks
Reduktion bzw. Erhaltung des Körpergewichts eine energiearme Diät einnehmen oder die aus irgendeinem Grunde
ihren Energiebedarf nicht durch die Einnahme normaler
Kost zu decken vermögen. Dieser Fall kann bei allen Kategorien von Personen zutreffen, bei denen – wie in der Einlei-
tung beschrieben – die Gefahr einer unzureichenden Versorgung mit Nährstoffen besteht (Tabelle 1). Besonders bei
einer Energiezufuhr von <1500 kcal/Tag kann die Versorgung mit gewissen lebenswichtigen Nährstoffen, gemessen
am erhöhten Bedarf, ungenügend sein [23, 176].

Um eine Zufuhr von 1,2–1,8 g/kg Körpergewicht, die dem
optimalen Tagesbedarf für Sportler entspricht, zu erreichen,
kann in diesen Situationen eine gewisse Proteinsupplementierung zur Erhaltung der normalen Stickstoffbilanz und zur
Vermeidung von Beeinträchtigungen des Trainingsstatus
gerechtfertigt sein. Auch Ausdauersportler, die an mehrtägigen Wettkämpfen mit intensiver Körperbelastung teilneh-
men, können von Supplementen in Form „löslicher" Proteine profitieren, da diese die Verdauungszeit und somit das
Volumen des Magen-Darm-Inhaltes reduzieren.

Im übrigen sollte jedoch nicht übersehen werden, daß
Mahlzeiten, die während der Ausübung von hochintensiven
Ausdauersportarten, wie Triathlon, mehrtägigen Ausdauer-
wettkämpfen und Hochalpinismus, die Normalkost ersetzen,

Kohlenhydrate Fett und Protein im Verhältnis von 60–70 Energie-% KH, 10–15 Energie-% Protein und 25–30 Energie-% Fett enthalten können. Die für die Supplementierung oder als Bestandteil der Ersatzmahlzeiten im Verlauf von Trainingstagen mit langdauernder Ausdauerbelastung verwendeten Proteine sollten fettarm, „leicht verdaulich" und qualitativ hochwertig sein. Milcheiweiß, Milcheiweißhydrolsyate und Proteinkombinationen, wie z. B. Sojaprotein, Molkenprotein und/oder Caseinate, dürften für diese Zwecke angemessen sein. Diese Proteinquellen enthalten außerdem sehr wenig Fett, sind cholesterinfrei und bewirken keine Erhöhung der Purinaufnahme und des Harnsäurespiegels. Vom gesundheitlichen Standpunkt aus betrachtet eignen sich deshalb diese Proteinquellen als Ersatz für einen Großteil der hohen Zufuhr an tierischen Proteinen oder – als alternative Proteinquelle verwendeten – texturierten Pflanzenproteinen und Tofusojaproteinen, die bekanntlich einen hohen Gehalt an Purinen aufweisen. Die ersatzweise Verwendung der vorerwähnten Proteinquellen reduziert außerdem den arteriosklerosefördernden Effekt der Diät von Gewichthebern, die große Mengen von Eiern konsumieren [62].

Obwohl die Rolle einer Aminosäurensupplemetation während des Trainings zur Zeit erforscht wird, gibt es bisher keine Anhaltspunkte dafür, daß eine Supplementierung mit einzelnen Aminosäuren die Leistungskapazität steigert. Einige Aminosäuren besitzen allerdings Charakteristika, die eine Anreicherung von Sportnahrungsprodukten mit diesen AS interessant erscheinen lassen. Verzweigtkettige Aminosäuren (BCAA) passieren nachgewiesenermaßen die Leber fast vollständig und dürften somit in Erholungsphasen mit verstärkter Proteinsynthese eine optimale Stickstoffquelle für das Muskelgewebe darstellen [125, 194]. Die Plasma-AS-Konzentration von Glutamin, die bei Ausdauersportlern nachweislich gesenkt ist, ist nach Meinung einiger Forscher für die optimale Immunkompetenz wie auch für die Proteinsynthese von entscheidender Bedeutung [139, 188]. BCAA und Glutamin könnten deshalb für eine Supplementierung in bestimmten Situationen – z. B. bei wiederholtem erschöpfendem Ausdauertraining – interessant sein, doch sind weitere Forschungen nötig, um die Zweckmäßigkeit dieser möglichen Anwendungen zu überprüfen. Leistungssteigernde Wirkungen einer AS-Supplementierung wurden bisher für Arginin, Ornithin, Tryptophan und BCAA postuliert. Solche Wirkungen sind (falls sie sich überhaupt nachweisen lassen) durch Ernährungsmaßnahmen bedingt. Auf diese Aminosäuren soll deshalb in 5.1.1 und 5.1.2 näher eingegangen werden.

3 Aspekte der Dehydration und Rehydration im Sport

3.1 Flüssigkeit und Elektrolyte

Die Flüssigkeit wird in Diskussionen über den Nahrungsbedarf oft vergessen. Der Mensch kann jedoch über längere Zeit ohne Makro- und Mikronährstoffe, nicht aber ohne Wasser auskommen.

Wasser ist die Grundsubstanz für alle Stoffwechselprozesse, die sich im menschlichen Organismus abspielen. Wasser ermöglicht den Transport der für das Wachstum und die Energieproduktion benötigten Substanzen und stellt die Zirkulation und den Austausch von Nährstoffen und Stoffwechselendprodukten zwischen den Organen und dem Außenmilieu sicher. Der Wasserhaushalt wird durch Hormone und Elektrolyte – insbesondere Natrium und Chlorid – reguliert. Um die Bedeutung des Wassers und der an der Flüssigkeitshomöostase beteiligten Elektroylte für den trainierenden Sportler zu erläutern, soll zunächst der Zusammenhang zwischen Flüssigkeitsbilanz und Gesundheit/Leistung sowie ihre Beeinflussung durch die körperliche Belastung kurz dargelegt werden.

3.1.1 Flüssigkeitsreserven

Wasser macht einen Anteil von 45–70 % des Gesamtkörpergewichts aus und ist somit der wichtigste Bestandteil des menschlichen Organismus.

Ein durchschnittlicher, 75 kg schwerer Mann „enthält"
60 % oder 45 l Wasser. Die Muskulatur besteht zu ca.
70–75 % aus Wasser, während des Fettgewebe nur etwa
10–15 % Wasser enthält. [168].

Daraus folgt, daß trainierte Athleten, die einen mageren
Körper und eine geringe Körperfettmasse besitzen, einen
relativ hohen Wassergehalt aufweisen. Unter Normalbedin-
gungen (d. h. bei ausreichender Flüssigkeitsaufnahme) bleibt
der Wassergehalt des Körpers bemerkenswert konstant. Wasser kann nicht beliebig im Körper gespeichert werden, da
jede überschüssige Flüssigkeit über die Nieren ausgeschieden wird. Auf der anderen Seite ist es möglich, den Organismus durch ein Ungleichgewicht zwischen Flüssigkeitsaufnahme und Flüssigkeitsverlusten auszutrocknen.

In dieser Situation geht Wasser aus 2 unterschiedlichen
Körperbereichen verloren, deren Wassergehalt normalerweise konstant gehalten wird:

1. intrazelluläres Kompartiment,
2. extrazelluläres Kompartiment.

Das extrazelluläre Kompartiment kann weiter in das Interstitium (Raum zwischen den Zellen) und das Vasculum (Innen-
raum der Gefäße) unterteilt werden [s. Abb. 20].

Eine halbpermeable Zellmembran trennt das intrazelluläre
Wasser vom Wasser, das die Zellen umgibt.

Der Wassergehalt aller Kompartimente ist hauptsächlich
durch den durch osmotisch aktive Partikel verursachten
osmotischen Druck bestimmt. Infolge der Semipermeabilität
der Membranen und aufgrund des Phänomens der „Ionen-
pumpe" herrschen im intra- und im extrazellulären Kompartiment unterschiedliche Elektrolytkonzentrationen.

Wasser kann als solches die Zellmembranen durchdrin-
gen. Die Osmose wird als Übertritt von Wasser von einer
Region mit geringerer Lösungskonzentration in eine andere
Region mit höherer Konzentration definiert. Diese Wasser-
bewegung resultiert letztlich im Ausgleich der beiden unter-

schiedlichen Lösungskonzentrationen. Im menschlichen Organismus finden solche Flüssigkeitsbewegungen statt, um die extrazellulären Flüssigkeiten auf einen osmotischen Druck von ca. 300 mosmol (Isotonie) zu normalisieren. Bei den osmotisch aktiven Partikeln im Organismus handelt es sich in erster Linie um Proteine, Elektrolyte und Glukose.

Eine Veränderung in einem dieser Kompartimente, z. B. in bezug auf den Druck oder die Lösungskonzentration, kann den Flüssigkeits-/Lösungszustand in den anderen Kompartimenten direkt oder indirekt beeinflussen. So geht beispielsweise in den ersten Stunden der Wasserdeprivation hauptsächlich im extrazellulären Kompartiment vorhandenes Wasser verloren. Blutserum- und Plasmavolumen nehmen ab, was zu einer kompensierenden Wasserströmung aus dem Körpergewebe (Interstitium) zum Blut hin führt. Bei fortgesetzten Wasserverlusten erreicht die verbleibende Gewebsflüssigkeit immer höhere Konzentrationen. Dies ruft einen Wasserverlust in den Zellen hervor, der schließlich zur Austrocknung der Zelle führt. Veränderungen im Bereich der flüssigkeitsregulierenden Hormone regen in dieser Situation zur Rückresorption von Wasser und Natrium an [136]. Eine Austrockung sowohl im extrazellulären Raum (Gewebe) als auch in der Zelle lösen bekanntermaßen Durst aus, der als Stimulus für die Einnahme von Wasser zwecks Rehydrierung wirkt [74].

Eine hochgradige Austrocknung hat außerdem Beeinträchtigungen des Stoffwechsels und des Wärmeaustausches zur Folge. Intensives Training – insbesondere in warmer Umgebung – kann zu dramatischen Veränderungen im Wassergehalt sowie in bezug auf die Elektrolytenkonzentration in den verschiedenen Kompartimenten führen [129, 166, 167, 168].

3.1.1.1 Intrazelluläre Flüssigkeit und Elektrolyte

Der gesamte intrazelluläre Flüssigkeitsgehalt beträgt ca. 30 l bzw. 2/3 des gesamten Körperwassers. Diese Wassermenge wird in erster Linie aufgrund des durch die relativ hohe Elek-

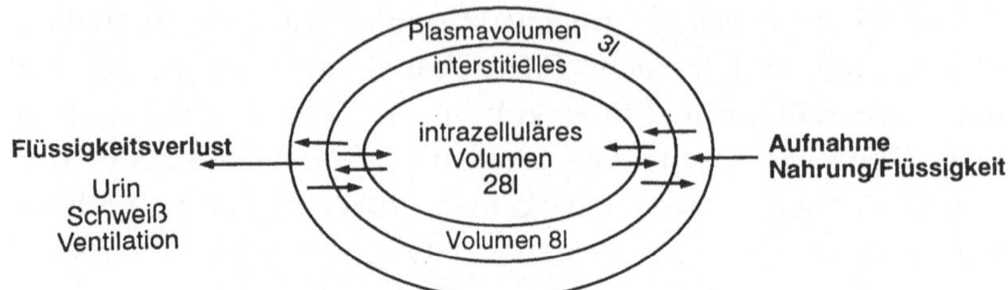

Abb. 20. Darstellung verschiedener Wasserkompartimente im Körper sowie deren Flüssigkeitsaustauschrouten

trolyt- und Proteinkonzentration verursachten osmotischen Drucks in den Zellen behalten. Die approximativen Konzentrationserte der verschiedenen Elektrolyte sind in Tabelle 2 aufgeführt. Natrium und Chlorid (außerhalb der Zellen) sowie Magnesium und Kalium (im Zellinneren) sind die wichtigsten Elektrolyte, die den Wassergehalt der Zelle beeinflussen.

Tabelle 2. Approximative Elektrolytenkonzentration ($mMol \cdot l^{-1}$) in der intrazellulären Flüssigkeit und dem Plasma [114]

	Intrazellulär (Skelettmuskulatur)	Extrazellulär Plasma
Kationen		
Natrium	10	130–155
Kalium	150	3.2–5.5
Kalzium	0	2.1–2.9
Magnesium	15	0.7–1.5
Anionen		
Chlorid	8	96–110
Bikarbonat	10	23–28
Organische Phosphate	65	0.2–1.6

Einfluß der Körperbelastung

Muskelkontraktionen führen zur Produktion und Ansammlung von Stoffwechselendprodukten im Zellinneren. Zunächst rufen diese Endprodukte einen osmotischen Gradienten hervor, der zur Nettoaufnahme von Wasser in die Zelle führt.

Gleichzeitig werden Transportvorgänge eingeleitet, und es kommt zu Veränderungen der Membranpermeabilität. Diese bewirken eine Übertragung von Metaboliten und Kalium vom Zellinneren zur Außenseite der Zelle. Dadurch wird das interstitielle Wasser im Vergleich zum Blut hyptertonisch (höher konzentriert), was das Abfließen von Wasser aus dem Blut in das Interstitium zur Folge hat, ein Vorgang, der durch erhöhten Blutdruck zusätzlich begünstigt wird [42, 74, 166, 167].

In der Folge nimmt das Plasmavolumen nach Beginn der Belastung sofort um $\pm 10\%$ ab; danach stellt sich die Abnahme allmählich auf einen geringeren Wert von 3–5% ein, falls es nicht zur Dehydration kommt, die eine sekundäre Hämokonzentration verursacht [166].

Das Muskelvolumen nimmt während der Belastung infolge eines Flüssigkeitsübergangs in die Skelettmuskulatur zu. Am stärksten ist diese Zunahme bei hochintensiver anaerober Körperarbeit, die zu einer bedeutenden Produktion und Ansammlung von Milchsäure im Zellinneren führt.

Der Wasserpool „zwischen" Blut und intrazellulärem Raum kann während der Belastung von 2 Seiten her „gestreßt" werden.

Einerseits nehmen die Muskelzellen in der oben beschriebenen Weise Wasser auf, andererseits beginnt das Blut bei großen Schweißverlusten, die zur Abnahme des Plasmavolumens und zur Erhöhung der Elektrolytkonzentration im Blut führen, auch aus dem Interstitium Wasser abzuziehen. Dies hat zur Folge, daß der interstitielle Wassergehalt auf niedrige Wert abfällt.

Falls diese Situation fortbesteht, wird der eingangs beschriebene Prozeß schließlich umgekehrt, und es kommt zur Austrocknung der Zelle [74, 166, 168].

3.1.1.2 Extrazelluläre Flüssigkeit und Elektrolyte

Wie oben beschrieben kann der extrazelluläre Raum in
2 Subkompartimente unterteilt werden:

1. der Interstitium, der Raum zwischen den Zellen, der die
   interstitielle Flüssigkeit faßt, und
2. das Vasculum, der Raum in den Blutgefäßen, in welchem
   sich das Blutplasma befindet.

Diese Kompartimente fassen insgesamt 11,5 l bzw. 3,5 l Wasser; dies ergibt zusammen 15 l extrazellulärer Flüssigkeit,
was 50 % der intrazellulären Flüssigkeit entspricht [166]. Die
Interstitialflüssigkeit stellt das Austauschmedium zwischen
den Zellen und dem Blut dar.

Das Blut schließlich ist das Transportmittel, das einerseits
Sauerstoff und Nährsubstanzen zu den Geweben bringt und
anderseits Wasser sowie Stoffwechselendprodukte, wie z. B.
Lactat, Ammoniak und CO_2, zu Lunge, Leber, Nieren und
Haut transportiert, damit diese Stoffe eliminiert und/oder
ausgeschieden werden können.

Die Regulation der Flüssigkeits- und Elektrolythomöostase durch Beeinflussung der Ausscheidungs-/Retentionsprozesse in der Niere unterliegt komplexen hormonellen
Steuerungsvorgängen [186].

Die ungefähren Elektrolytkonzentrationen dieser beiden
Subkompartimente sind ebenfalls in Tabelle 2 aufgeführt.

Die auffälligsten Unterschiede in bezug auf die Elektrolytkonzentration sind beim Kalium und Natrium zu beobachten. Kalium ist das wichtigste intrazelluläre Ion, während
Natrium und Chlorid die bedeutendsten extrazellulären
Ionen darstellen. Natrium und Chlorid können daher als die
wichtigsten osmostisch aktiven Elektrolyte gelten.

Einfluß der Körperbelastung

Infolge wiederholter Muskelkontraktionen nimmt der Wassergehalt des Muskelgewebes zu und des Blutplasmas ab.

Bei fortgesetzter Belastung nimmt der Wassergehalt aller Kompartimente, bedingt durch Schweißverluste und den unmerklichen Wasserverlust aus der Lunge – besonders beim Höhentraining, weiter ab. Je nach Belastungsintensität, Trainingszustand, klimatischen Verhältnissen und Körpergröße können die Schweißverluste einige 100 ml bis >2l pro Stunde betragen [32, 196].

Da die Plasmaflüssigkeit für die Aufrechterhaltung einer normalen Durchblutung der „trainingsaktiven" Gewebe von vorrangiger Bedeutung ist, kann gefolgert werden, daß durch eine dramatische Abnahme des Plasmavolumens die Durchblutung verschlechtert wird. Dies führt automatisch zu einem reduzierten Transport von für die Energieproduktion benötigten Substraten und Sauerstoff zu den Muskeln und von metabolischen Abfallproduktion (inklusive Wärme) vom Muskel zu den Ausscheidungsorgangen.

Ersteres kann zu einer Verringerung der Energieproduktionskapazität und zur Ermüdung führen; letzteres führt zu einer verminderten Wärmeabfuhr von den Muskeln zur Haut, mit dem Resultat einer erhöhten Körperkerntemperatur [32, 114, 167, 168].

Besonders bei Ausdauersportlern, die in der Wärme trainieren, besteht daher die Gefahr der Austrocknung → Hitzeerschöpfung → Hitzschlag/Kollaps [129, 167, 168, 181]. Obwohl die metabolische Wasserproduktion bei Ausdauerbelastung bedeutend sein kann, reicht sie nicht aus, um die schweißbedingten Flüssigkeitsverluste auszugleichen (Abb. 21).

Die Elektrolytkonzentration des Schweißes ist geringer als die des Blutes. Dies bedeutet, daß relativ mehr Wasser als Elektrolyte aus dem Blut verloren werden. (Die Elektrolytkonzentrationen des Schweißes sind in Tabelle 3 aufgeführt.)

Die durch Schweißverluste bedingte Dehydration führt daher zu einer Konzentrationserhöhung der Blutelektrolyte [114]. Dies ist allerdings nur der Fall, wenn kein Wasser eingenommen wird, um die Flüssigkeitsverluste zu kompensie-

Abb.21. Ultralangstreckenwettkämpfe in der Hitze können ein Gesundheitsrisiko darstellen. Minimale Kleidung in hellen Farben sowie regelmäßige Flüssigkeitsaufnahme sind nötig, um den Hitzestreß zu minimieren

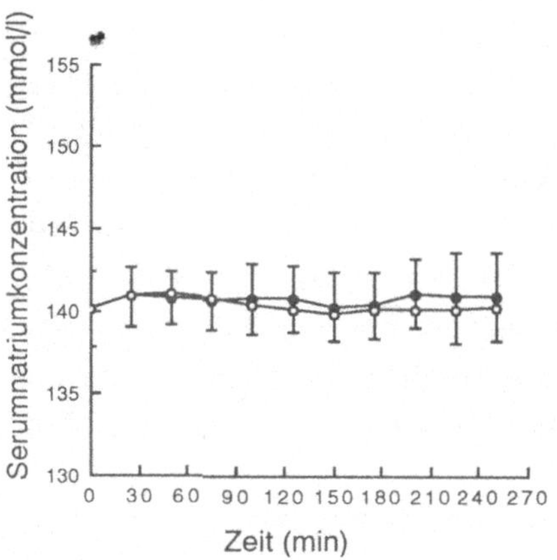

Abb.22. Während eines 4stündigen intensiven Biathlons (3 Stunden Radfahren, 1 Stunde Laufen) wurde bei 8 Elitetriathleten der Natriumgehalt im Plasma gemessen. Sie erhielten reines Wasser (○) oder ein isotonisches Glukose-Elektrolytgetränk (●), welches 600 mg Natrium/l enthielt. Die totale Flüssigkeitsaufnahme betrug 600 ml/h. Es wurde kein Effekt der Natriumaufnahme auf die Serumnatriumkonzentration beobachtet [nach Brouns, 213]

58

ren. Starke Schweißverluste und eine Kompensation mit gewöhnlichem Wasser können sogar zu erniedrigten Blutnatriumwerten führen.

Hyponatriämie und dadurch bedingte Symptome einer Wasserintoxikation sind bei Marathonläufern und Triathlonsportlern beobachtet worden [130, 142, 143, 144]. Das Argument, wonach der Natriumgehalt der nach dem Training eingenommenen Mahlzeiten genüge, um die Verluste auszugleichen, ist in diesem Zusammenhang irreführend, da nach dem Training eingenommene Mahlzeiten die während des Trainings bestehenden Verluste nicht kompensieren. Aus diesem Grunde wie auch wegen seinem günstigen Verhältnis zur Glukose (und in der Folge zur Wasserresorption) ist es empfehlenswert, Rehydrationsgetränke für Sportler mit Natrium anzureichern (für weitere Informationen s. 3.2.1).

Regelmäßiges Ausdauertraining, das mit erheblichem Schwitzen verbunden ist, führt zu Anpassungsreaktionen, die eine wirksamere Steuerung des Flüssigkeits- und Elektrolytgleichgewichts begünstigen. Es kommt zu einer vermehrten Rückresorption von Natrium durch die Schweißdrüsen, und das Plasmavolumen nimmt tendenziell zu. Außerdem wird die Empfindlichkeit der flüssigkeitsregulierenden Hormone erhöht [114, 129, 196]. Das Schwitzen wird somit „ökonomischer und effizienter". Es tropft weniger Schweiß vom Körper.

Trotzdem besteht bei geübten Sportlern, die maximal intensive Ausdauerleistungen erbringen, die Gefahr einer Austrocknung während des Wettkampfs oder Trainings. Der durch die extrem hohen Stoffwechselraten verursachte thermogene Streß hat maximale Schweißraten zur Folge.

3.1.2 Flüssigkeits- und Elektrolytzufuhr

Die tägliche Flüssigkeitszufuhr erfolgt normalerweise in Reaktion auf die eingenommene Nahrung (salzige/würzige Speisen) oder Mundtrockenheit. Dieser Mechanismus

Tabelle 3. Elektrolytgehalt von im Abspülverfahren gewonnenem Ganzkörperschweiß, ermittelt nach Daten aus 13 Studien. Die Tabellenwerte für die wichtigsten Elektrolyte beruhen auf 274 Messungen an 123 Probanden. Die angenommenen Werte für die Nettoresorption im Darm betragen 100 % für Cl^-, Na^+ und K^+, 30 % für Ca^{2+} und 35 % für Mg^{2+}. Die Korrektur unter Berücksichtigung der Nettoresorption läßt den oberen Wert für die Ersetzung erkennen. (Mit freundl. Genehmigung von E. & F. N. Spon/Chapman and Hall: Brouns [32, 211])

Elektrolyt	Cl^-	Na^+	K^+	Ca^{2+}	Mg^{2+}
Durchschnitt (mmol/l)	28.6	32.7	4.4	1	0,79
Standardabweichung	13.5	14.7	1.3	0.7	0.6
Durchschnitt (mg/l)	1014	752	173	40	19
Standardabweichung	481	339	52	27	15
Bereich (mg/l)	533–1495	413–1091	121–225	(13–67)	(4–34)
Absorption [%]	100	100	100	30	35
Korrektionsfaktor	0	0	0	3.33	2.86
Vorgeschlagene Ersetzung	500–1500	400–1100	120–225	45–225	10–100

erklärt weitgehend unser gelerntes (konditioniertes) Trinkverhalten. Echter Durst tritt jedoch im Gefolge intra- und extrazellulärer Dehydration auf [74].

In der Regel sollte die Flüssigkeitszufuhr dem täglichen Gesamtwasserumsatz entsprechen, der bei Erwachsenen $\pm$ 4 % des Körpergewichts beträgt [131]. Der Gesamtwasserumsatz kann beträchtlich variieren, dies v. a. wegen er Unterschiede hinsichtlich der Stoffwechselrate (die stark von der körperlichen Belastung abhängig ist) und hinsichtlich der unmerklichen Wasserverluste. Letztere können stark von den klimatischen Bedingungen und der Höhe abhängig sein. Auch Durchfälle können akute, ausgeprägte Wasserverluste verursachen.

Da der tägliche Flüssigkeitsbedarf der Wassermenge entspricht, die für die Kompensation der unmerklichen Verluste (via Atemluft und Hautoberfläche) und für die Versorgung der Niere mit der minimalen Flüssigkeitsmenge benötigt wird, die dieses Organ für die Ausscheidung von Stoffwechselendprodukten und Elektrolyten braucht, kann keine allgemeingültige Regel betreffend die Menge des aufzunehmenden Wassers aufgestellt werden. Die minimale Flüssigkeitsaufnahme dürfte jedoch bei einem 70 kg schweren Mann bei 1,5–2,0 l/Tag liegen, wenn Störungen der Stoffwechselfunktionen vermieden werden sollen.

Eine Flüssigkeitszufuhr von 1 ml pro kcal Energieverbrauch kann als allgemeine Empfehlung gelten [131]. Bei einem Bergrennen im Rahmen der Tour de France, bei dem 6000 kcal/Tag verbraucht werden, müßten demnach 6 l Flüssigkeit eingenommen werden (Abb. 23). Tatsächlich liegen Berichte über eine Flüssigkeitsaufnahme von 6 l unter solchen Umständen vor [165]. Bei einem Marathonlauf (Energiebedarf ± 3000 kcal [137] wäre eine zusätzliche Zufuhr von 3 l Flüssigkeit erforderlich. Die 1989 vom National Research Council ausgearbeiteten *minimalen* Bedarfsempfehlungen für Erwachsene betreffend Natrium, Chlorid und Kalium – die wichtigsten Elektrolyten, die an der Flüssigkeitshomöostase aktiv beteiligt sind und auch mit dem Schweiß verlorengehen – betragen 500, 750 bzw. 2000 mg.

Die mit der täglichen Normalkost zugeführten Elektrolytmengen übertreffen diese Werte in der Regel bei weitem, so daß eine Supplementierung nicht ratsam ist.

Im Falle beträchtlicher Verluste – z. B. bei akuten Durchfällen oder im Gefolge langdauernden intensiven Schwitzens – können die Plasmaelektrolytkonzentrationen bedrohlich niedrige Werte erreichen. In solchen Situationen ist es ratsam, den Sportgetränken einige Elektrolyte beizufügen.

3.1.2.1 Sportgetränke

Sportgetränke für Rehydrationszwecke sind in der Regel so zusammengesetzt, daß mit dem Schweiß verlorene Flüssig-

Abb. 23. Verpflegungsposten während des 67 km langen Swiss Alpine Marathon Davos. Flüssigkeit und Kohlenhydrate werden zur Erhaltung einer optimalen Leistungsfähigkeit benötigt

keit und Mineralstoffe ersetzt und begrenzte Energiemengen in Form von KH zugeführt werden. Alle 3 Substanzen, die bei Ausdauerbelastung verloren/verbraucht werden, sind wechselseitigen Einflüssen ausgesetzt.

Höhere Belastungsintensitäten erfordern eine vermehrte Energieproduktion, wobei KH als Energieträger am bestens geeignet sind. Mit steigender Belastungsintensität wird entsprechend mehr metabolische Wärme erzeugt. In der Folge kommt es zu verstärkter Schweißbildung und erhöhtem Schweißverlust, und es werden mehr Elektrolyte ausgeschieden. Je länger die Belastung dauert, desto größer ist die Menge an Flüssigkeit, Elektrolyten und KH, die ersetzt werden müssen, um die entstandenen Verlust zu kompensieren.

Es bestehen große individuelle Unterschiede hinsichtlich Schweißrate, Elektrolytgehalt des Schweißes, Ausmaß der KH-Utilisation etc. (näheres in den speziellen Abschnitten). Diese Unterschiede können durch klimatische Faktoren weiter verstärkt werden. Es ist somit unmöglich, ein Sportgetränk zu entwickeln, das bei jeder Person in jeder beliebigen Situation die entstandenen Verluste exakt ausgleichen kann. Aus diesem Grunde werden Sportgetränke im allgemeinen so formuliert, daß sie den Bedarf einer breiten Population aktiver Sportler unter verschiedenen Bedingungen zu dekken vermögen. Dabei handelt es sich notwendigerweise um einen Kompromiß, den der Hersteller/Lieferant/Organisator machen muß.

Allgemeine Empfehlungen für die Zusammensetzung von Sportgetränken sind vor kurzem aufgrund zahlreicher Studien ausgearbeitet worden, in denen Magenentleerung, Darmresorption, den Flüssigkeitshaushalt regulierende Faktoren sowie Ermüdung/Leistung untersucht wurden und deren Resultate in einer Reihe hervorragender Forschungsberichte zusammengefaßt worden sind [30, 32, 40, 42, 69, 113, 114, 126, 130, 153, 155].

Als allgemeines Resultat läßt sich aus diesen Studien ableiten, daß die Anreicherung von Sportgetränken mit kleinen bis mäßigen Mengen von KH und Natrium die Magenentleerung nicht verzögert und die Resorption im Vergleich zu gewöhnlichem Wasser verbessert. Diese Befunde lassen sich wissenschaftlich so erklären, daß der gekoppelte Glukose-Natrium-Transport durch die Darmwand rasch erfolgt und die Wasserresorption infolge der osmotischen Aktivität dieser Lösungen stimuliert (Abb. 24, [69, 114, 131]).

Die Zugabe anderer Elektrolyte in kleinen Mengen, die dem effektiven Verlust mit dem Ganzkörperschweiß entsprechen, beeinflußt weder die Magenentleerung noch die Resorption [153, 154]. Der KH-Anteil im Getränk trägt zusätzlich zur Aufrechterhaltung normaler Blutglukosewerte und zur Schonung der endogenen KH-Reserven bei [49, 75, 124, 148]. Letztere können den Abbau der Proteine reduzieren, den Zeitpunkt der Ermüdung hinauszögern und sich somit auf die Leistung auswirken [25, 43, 44, 45, 113, 127, 188, 189].

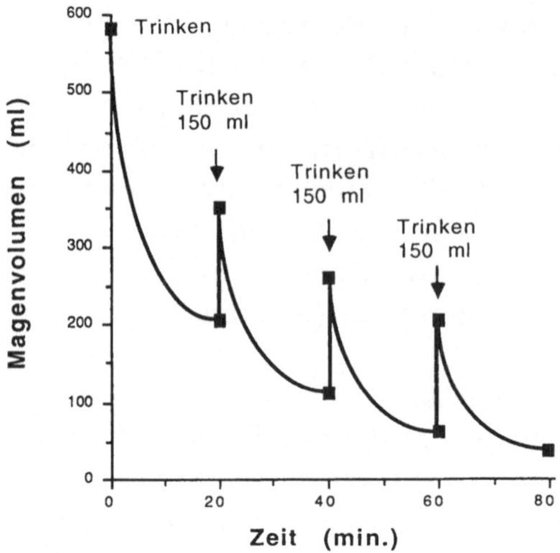

Abb. 24. Die Magenentleerungsrate nach Einnahme einer einzelnen Portion (600 ml) einer isotonischen Kohlenhydrat (7 %) Elektrolytlösung oder bei regelmäßigem Trinken wie gewohnt während Ausdaueranlässen. Wiederholtes Trinken einer Lösung mit 70 g KH/l führt nicht zu einer Flüssigkeitsakkumulation im Magen [nach Rehrer, 214]

Zahlreiche wissenschaftliche Arbeiten zeigen, daß verschiedene Arten von KH in Konzentrationen von 30–80 g/l und Natrium in Konzentrationen von 400–1100 mg/l zu einer hohen Magenentleerungsrate und Flüssigkeitsresorption führen [69, 114]. Eine maximal Flüssigkeitsresorptionsrate scheint allerdings nur dann wichtig zu sein, wenn die Menge der eingenommenen Flüssigkeit gleich groß oder größer ist als die Flüssigkeitsmenge, die gleichzeitig resorbiert werden kann. Sportler nehmen jedoch während des Trainings in der Regel nicht mehr als 600 ml/h (Läufer) oder 800 ml/h (Radfahrer) ein [143], was viel weniger als die Flüssigkeitsmenge ist, die maximal resorbiert werden könnte.

Es ist deshalb immer noch eine offene Frage, ob trainierende Sportler auf eine maximale Magenentleerung und maximale Resorption angewiesen sind (wie dies z. B. bei massivem Flüssigkeitsverlust und somit in Fällen von drin-

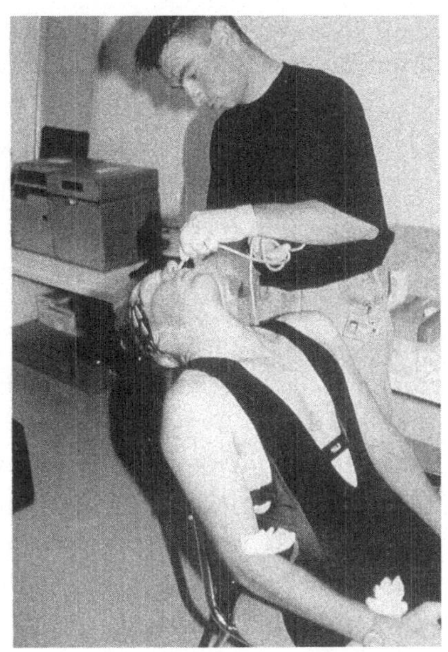

Abb. 25. Einführung der Magensonde zur Bestimmung des Magenvolumens sowie der Magensekretion während des Radfahrens

b

a

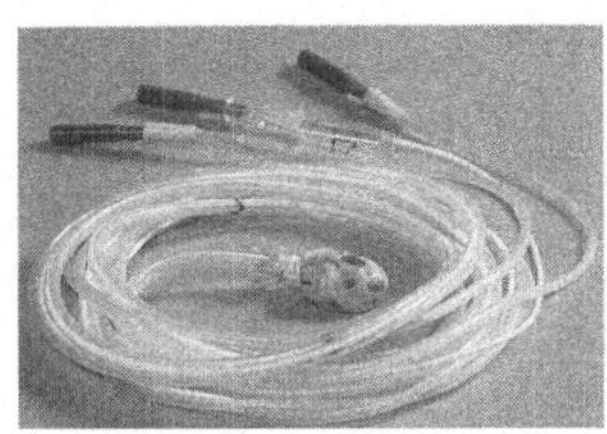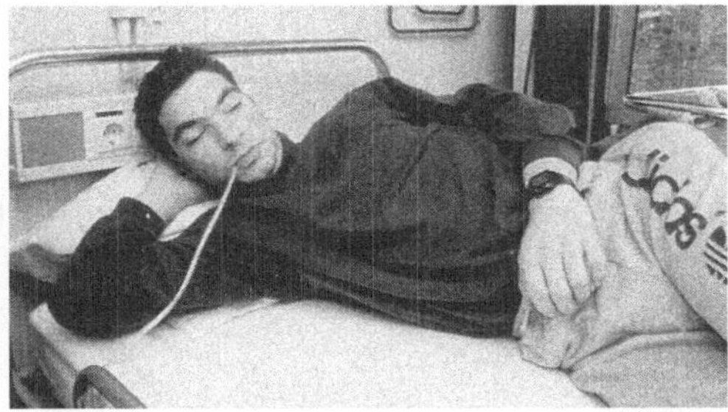

Abb. 26. a Ein Triplelumenkatheter, der zum Studium der Flüssigkeits- und Substratabsorption im Jejunum benutzt wird. **b** Ein Athlet wird durch den Triplelumenkatheter perfusioniert. Diese komplexen Perfusionsexperimente dauern i. allg. 8–10 h

gend benötigter maximaler Flüssigkeitsaufnahme, etwa bei langdauernden Wasserdurchfällen, der Fall ist). KH-Elektrolyt-Lösungen mit leicht erhöhter Konzentration (bis 100 g KH/l), welche die Nettoflüssigkeitsresorption erwiesenermaßen nur wenig reduzieren, erhöhen daher die KH-Verfügbarkeit und scheinen sich – wegen der submaximalen Flüssigkeitsaufnahme – in ihrem Einfluß auf die Flüssigkeitshomöostase von Wasser oder stark verdünnten KH-Getränken nicht zu unterscheiden [40, 114, 126, 127].

Zusätzlich aromatisierte Getränke werden von Sportlern gewöhnlichem Wasser vorgezogen. Deshalb werden solche Getränke in größeren Mengen eingenommen [88].

Als allgemeine Richtlinie kann gelten, daß Sportgetränke nicht stark hypertonisch sein sollten (d. h. < 500 osmol oder vorzugsweise ≤ 300 osmol). Es wurde nachgewiesen, daß hypertonische Lösungen die Nettoflüssigkeitsresorption reduzieren, da sie eine Wassersekretion in den Gastrointestinaltrakt hervorrufen, um eine Isotonie mit dem Blut zu erreichen; außerdem können sie die Magenentleerungsrate verringern. Letztere Erscheinung kann die Menge der eingenommenen Flüssigkeit beeinflussen/begrenzen (Abb. 27 und 28; [30, 32, 114, 115, 155]).

Die Art der verwendeten KH wirkt sich auf die Osmolalität des Getränkes aus. Damit keine sehr starken Osmolalitäten entstehen, muß die Menge der gelösten Monosaccharide also kleiner als die der Di- und Polysaccharide sein.

Eine auf heutige Erkenntnisse und Beweise beruhende allgemeine Empfehlung für die Zusammensetzung von Sportgetränken ist in Tabelle 4 zu finden.

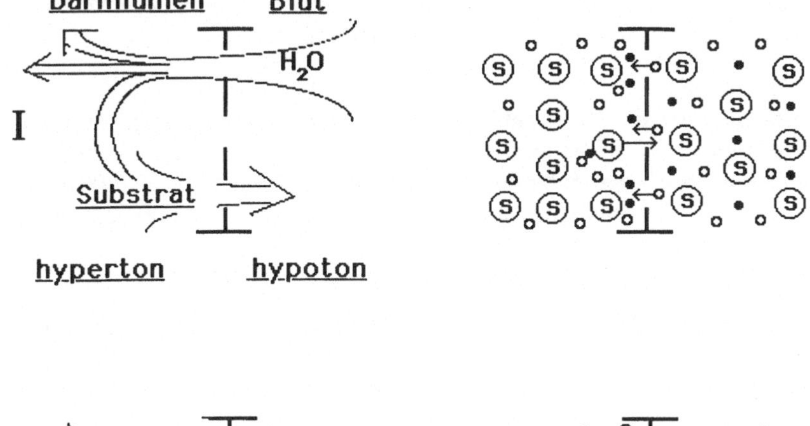

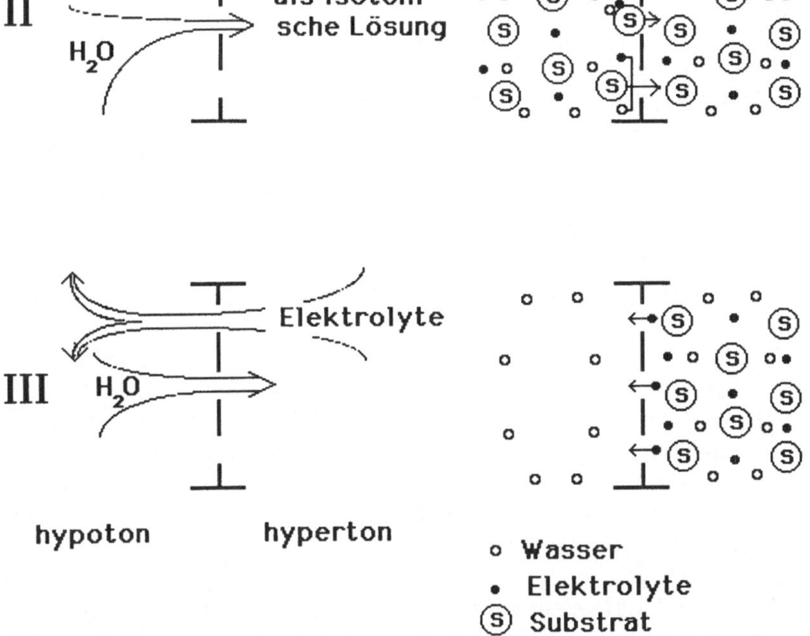

Abb. 27. Eine schematische Darstellung von osmotischen Effekten im Darm. Wasserperfusion führt zur Elektrolytsekretion und Wasser-Elektrolyt-Absorption. Hypertone Perfusion führt zur Wassersekretion und Wasser-Substrat-Absorption. Isotonische Perfusion führt zur Substrat-Wasser-Absorption (Nettoabsorption = Absorption-Sekretion)

Tabelle 4. Orale Rehydrationslösungen für die kombinierte flüssige Kohlenhydrat- und Elektrolytzufuhr bei Sportlern

Notwendig:		Optional:	
Kohlenhydrate	30–100 g/l[b]	Chlorid[a]	max. 1500 mg/l
Natrium[a]	max. 1100 mg/l	Kalium[a]	max. 225 mg/l
Osmolalität	< 500 mOsmol/l[c]	Magnesium[a]	max. 100 mg/l
	vorzugsweise	Kalzium[a]	max. 225 mg/l
	≤ Isotonie		

Kohlenhydrat-Träger	Maximale KH-Menge (um starke Hypertonie oder zu hohe KH Konzentration[b] des Getränkes zu vermeiden)
Fruktose	35 g[d]
Glukose	55 g
Sukrose	100 g
Maltose	100 g
Maltodextrine	100 g
Lösliche Stärke	100 g

[a] Mengen gemäß Tabelle 2. Die höchste Zahl bezeichnet den höchsten akzeptablen Wert für die Mineralstoffersetzung.

[b] Die Wasserresorption wird mit ca. 30 g KH/l maximiert. Dieser Wert entspricht auch ungefähr der minimalen KH-Menge, die zur Erreichung meßbarer Wirkungen auf den Glukose-/Energiestoffwechsel benötigt wird. Der obere Wert (100 g) wird angegeben, weil die Magenentleerungsraten und somit die Flüssigkeitsverfügbarkeit bei höheren Konzentrationen zu sehr vermindert sind. Außerdem wird sich deren osmotische Belastung zunehmend auf die Reduktion der Nettoflüssigkeitsresorption aus. Höher konzentrierte Lösungen können nicht als Rehydrationsgetränke gelten, sondern stellen vielmehr Energie(KH)-Supplemente dar.

[c] Die nach der Magenentleerung erfolgende Nettowasserresorption im Darm wird hauptsächlich durch die Substratresorption (welche Wasser mitzieht) und die osmotischen Gradienten bestimmt. Höhere (Kohlenhydrat)lösungskonzentrationen führen zu einer Erhöhung der Substratsresorption und somit der Wasserresorption. Eine Erhöhung der osmotischen Belastung intensiviert jedoch die osmotische Flüssigkeitssekretion im Darm. Die Nettoflüssigkeitsresorption resultiert aus

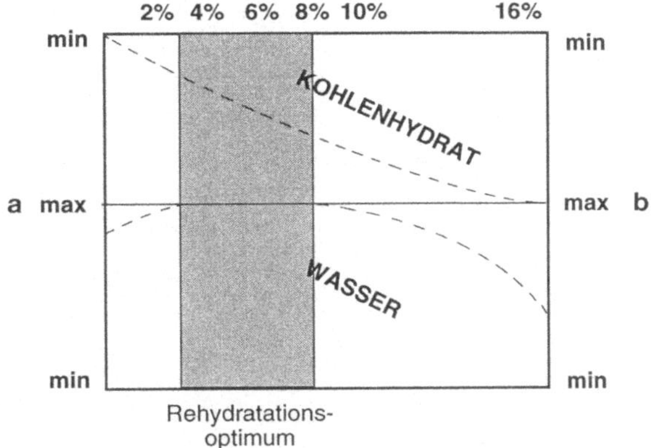

Abb. 28. Tiefe KH-Mengen stimulieren die Wasserabsorption *(linker Teil der Grafik, „a")*. Hohe KH-Mengen in einem Getränk reduzieren die Magenentleerung und induzieren eine Flüssigkeitssekretion, was zu einer reduzierten Nettoflüssigkeitsabsorption führt *(rechter Teil, „b")*. „a" führt zu hoher Flüssigkeits-/tiefer KH-Verfügbarkeit. „b" induziert hohe KH-/tiefe Flüssigkeitsverfügbarkeit. Maximale KH-Verfügbarkeit ohne Beeinträchtigung der Flüssigkeitshomöostase findet man bei Getränken mit 60–80 g KH/l. Die Wahl des optimalen Getränks ist abhängig von klimatischen Verhältnissen und physiologischen Charakteristiken des Sportanlasses. (Mit freundl. Genehmigung E. & F. N. Spon/Chapman and Hall: Brouns [32])

---

den beiden gegenläufigen Wasserströmungen (Resorption – Sekretion). Eine Hyperosmolalität der Lösung wirkt somit dem Vorteil der durch den Lösungstransport bedingten Wasserresorption entgegen. Osmolalitäten von > 500 mosmol/l sind deshalb zu vermeiden.

[d] Fruktose kann, bei Verwendung als einzige KH-Quelle in Konzentrationen von < 35 g/l Gastrointestinalbeschwerden hervorrufen. Dies ist jedoch nicht der Fall, wenn sie mit anderen KH (z. B. Sukrose) kombiniert wird.

4 Mikronährstoffe und Sporternährung

4.1 Mineralien

Mineralien sind Substanzen, die für den Bewegungsapparat wie auch für zahlreiche biologische Vorgänge unerläßlich sind. Sie werden als Baustoffe für das Wachstum benötigt, und eine ungenügende Versorgung mit Kalzium und Phosphor führt z. B. zu Beeinträchtigungen der Entwicklung des Skeletts.

Mineralien sind auch von entscheidender Bedeutung für Vorgänge wie die Übertragung von Nervenimpulsen, die Muskelkontraktion, die Aktivität der Enzyme etc. Im Vorhergehenden Abschnitt über Flüssigkeit und Elektrolyte haben wir v. a. die Rolle von Natrium und Chlorid im Hinblick auf die Flüssigkeitshomöostase beschrieben. Hier soll nun kurz dargelegt werden, wie andere bedeutsame Mineralien beim trainierenden Sportler in lebenswichtige Funktionen eingreifen und wie der Bedarf an diesen Stoffen durch körperliche Belastung beeinflußt wird.

- Kalium,
- Magnesium,
- Kalzium,
- Phosphor,
- Eisen,
- Zink.

4.1.1 Mineralstoffreserven

Der Mineralstoffgehalt variiert zwischen den verschiedenen Geweben wie auch zwischen den intra- und extrazellulären Kompartimenten.

So weit z.B. das Skelett einen sehr hohen Kalzium- und Phosphorgehalt auf, während die Muskelzellen viel Kalium und Magnesium und das Blut sowie die Interstitialflüssigkeiten sehr viel Natrium und Chlorid enthalten. Mineralien sind zwar Bestandteile von Geweben, wie z.B. des Knochen- oder des Muskelgewebes; dies bedeutet aber nicht notwendigerweise, daß sie frei verfügbar – also Teil eines funktionellen, metabolisch verfügbaren Mineralspeichers – sind.

Da die meisten Mineralien an funktionelle Strukturen/Systeme gebunden oder als feste Bestandteile darin integriert sind, ist die Menge metabolisch verfügbarer Mineralien effektiv sehr klein. Der überwiegende Anteil des „metabolischen" Mineral-pools befindet sich im Blutplasma und in der Interstitialflüssigkeit.

Die Menge der in den zirkulierenden Körperflüssigkeiten vorhandenen Mineralien hängt einerseits von der Zufuhr (mit der Nahrung) und anderseits von der Aufnahme/Freisetzung in den Geweben und von den Verlusten/Ausscheidungen (Schweiß, Urin, Stuhl) ab.

Der Mineralgehalt in den Körperflüssigkeiten bewegt sich innerhalb enger Grenzen. Jeder Überschuß an Mineralien wird daher durch eine vermehrte Ausscheidung kompensiert. Mineralienmängel dagegen werden zunächst durch eine verminderte Ausscheidung und/oder erhöhte Freisetzung aus den Geweben kompensiert. Bei fortgesetzten Mangelzuständen bleiben die Plasmamineralkonzentrationen allerdings erniedrigt. Letzteres wirkt sich auf die Mineralienaufnahme bzw. -freisetzung durch die Zellen aus und beeinflußt somit den Mineralisierungszustand der Zelle. Eine Periode mit relativem Mangel an einem oder mehreren Mineralstoffen – wie dies z.B. bei einem Marathonlauf der

Fall sein kann – braucht keine Beeinträchtigung der Gesundheit und/oder der Leistungsfähigkeit zu bedeuten.

Langfristige Mineralmangelzustände haben jedoch Schädigungen des Zellwachstums und der Zellfunktion zur Folge.

4.1.1.1 Kalium

Kalium ist das wichtigste intrazelluläre Kation, das in der Zellflüssigkeit rund 40mal höher konzentriert ist als in der extrazellulären Flüssigkeit (Tabelle 2, Seite 54). Kalium spielt eine wichtige Rolle für die Übertragung von Nervenimpulsen, das Membranpotential und somit für die Muskelkontraktion und die Aufrechterhaltung des normalen Blutdrucks.

90–100 % des eingenommenen Kaliums wird im Darm resorbiert und geht in den Kreislauf ein [131]. Die Plasmakaliumkonzentration beeinflußt nachweislich die Kontraktilität der Herz- und Skelettmuskeln. Überhöhte Plasmakaliumwerte rufen typische Veränderungen des EKG hervor und können gar zum plötzlichen Herzstillstand führen. Vor einer übermäßigen Kaliumzufuhr, die zu Hyperkaliämie führt, muß deshalb gewarnt werden [131]. Die Ausscheidung von Kalium erfolgt mit dem Harn und in geringem Maße mit dem Stuhl (Durchfälle haben bedeutende Kaliumverluste zur Folge) und/oder mit dem Schweiß.

Einfluß der Körperbelastung

Bei wiederholten Muskelkontraktionen kommt es zu einem Kaliumverlust in der Muskulatur. Dieser Verlust ist durch Veränderungen der Zellpermeabilität sowie durch das häufige Ein- und Ausströmen von Natrium und Kalium bedingt, die beide an den elektrochemischen Kontraktionsprozessen beteiligt sind [121, 185].

Kalium wird gleichzeitig mit Glykogen in den Muskelfasern gespeichert [18]. Der Abbau von Glykogen führt zur Freisetzung von Kalium, was in der Folge den Kaliumverlust aus der Muskelzelle erhöhen kann.

In der Folge wird die Kaliumkonzentration in der Interstitialflüssigkeit und im Blutplasma erhöht. Diese Erhöhung ist bei maximaler Belastungsintensität am stärksten ausgeprägt [121, 185].

Zur zusätzlichen Kaliumverlusten kann es bei Schädigungen der Muskelzelle kommen. Derartige Läsionen ereignen sich bei mechanischem Streß, v. a. im Verlaufe von Aktivitäten, die negative Arbeit beinhalten, wie z. B. Bergabwärts Gehen oder Laufen [6].

Die während körperlicher Betätigung erlittenen Schweißverluste haben nur geringe Kaliumverluste zur Folge. Die Kaliumkonzentration im Schweiß entspricht ungefähr jener im Blutplasma. Nach Beendigung des Trainings wird Kalium in größeren Mengen mit dem Harn ausgeschieden (höchstwahrscheinlich, weil die Niere zwecks Erreichung der Flüssigkeitshomöostase zur Natriumretention angeregt wird und deshalb Kalium gegen Natrium austauscht) [30, 114]. Die möglichen Auswirkungen von fortgesetzten Training und damit verbundenen Schweißverlusten auf die Plasmakaliumkonzentration und die Kaliumbilanz sind in letzter Zeit Gegenstand der Besorgnis gewesen.

Da jedoch kontinuierliche Belastung auch ein ständiges Ausfließen von Kalium aus dem Muskel zur Folge hat, kommt es – wie Studien gezeigt haben – auch nicht zu einem Abfall der Plasmakaliumwerte. Defizite treten allenfalls im Bereich der intrazellulären Kaliumwerte auf, die schwierig zu messen sind.

Intrazelluläre Kaliumverluste scheinen jedoch durch Kalium kompensiert zu werden, das beim Abbau von intrazellulärem Glykogen freigesetzt wird.

Ein erhöhter Kaliumbedarf *während des sportlichen Einsatzes* ist aus diesen Gründen fraglich. Dagegen ist es denkbar, daß nach Beendigung des Trainings vermehrt Kalium benötigt wird.

Unmittelbar nach der Körperaktivität kommt es zu einer raschen Aufnahme von Kalium durch die Zellen. Zudem verlaufen die Synthese von Muskelglykogen und die damit gekoppelte Kaliumspeicherung nach Beendigung des Trainings mit maximaler Geschwindigkeit. In der Folge fallen die Plasmakaliumwerte nach Beendigung des Trainings nachweislich sehr rasch ab, um normale Ruhewerte oder sogar niedrigere Werte zu erreichen [121, 185].

Kaliumzufuhr

Die empfohlene Mindestzufuhr von Kalium beträgt 2 g/Tag [131]. Bei dieser Zahl sind jedoch allfällige Schweißverluste nicht berücksichtigt. Wünschbar ist deshalb eine Zufuhr von 2–3,5 g/Tag [52, 131].

Kalium ist in zahlreichen Nahrungsmitteln enthalten, da dieses Mineral einen unverzichtbaren Bestandteil aller lebenden Zellen darstellt. Besonders reich an Kalium sind Früchte (Bananen, Orangen), Gemüse (Kartoffeln) und Fleisch. Die Kaliumzufuhr kann je nach Art der bevorzugten Nahrungsmittel stark variieren. Die häufige Einnahme bestimmter Nahrungsmittel kann zu einer sehr hohen Kaliumaufnahme – 8–11 g/Tag – führen (Abb. 29) [131].

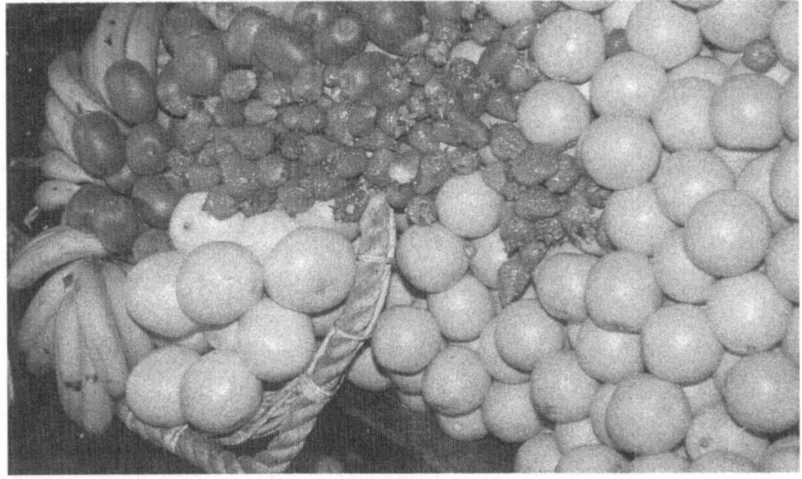

Abb. 29. Tropische Früchte und Tomaten sowie deren Säfte haben einen hohen Kaliumgehalt

4.1.1.2 Magnesium

Der menschliche Organismus enthält ungefähr 20–30 g Magnesium. Etwa 40 % dieser Menge befindet sich in den Zellen (insbesondere Muskelzellen), ungefähr 60 % im Skelett und nur 1 % in der extrazellulären Flüssigkeit [155].

Magnesium ist ein lebenswichtiges Mineral, das in etwa 300 Enzymen vorkommt, die für biosynthetische Prozesse und für den Energiestoffwechsel benötigt werden.

Magnesium spielt eine entscheidende Rolle für die neuromuskuläre Signalübertragung und Aktivität. Es wirkt in einigen Bereichen synergistisch mit Kalzium, in anderen als Kalziumantagonist. Die Magnesiumkonzentration im Blutplasma bewegt sich innerhalb enger Grenzen. Praktisch die gesamte Menge von metabolisch verfügbarem Magnesium ist in dem sehr kleinen extrazellulären Pool gespeichert (Tabelle 2). Änderungen dieses Pools sind durch die Nahrungsaufnahme, durch Aufnahme/Freisetzung in den Geweben sowie durch Verluste/Ausscheidung bedingt [37, 114]. Die Magnesiumresorption in Darm beträgt rund 35 %. Magnesium wird hauptsächlich mit dem Harn ausgeschieden. Auch der Stuhl enthält Magnesium, doch handelt es sich dabei hauptsächlich um nichtresorbiertes Magnesium. Magnesium geht auch mit dem Schweiß verloren (Tabelle 3).

Einfluß der Körperbelastung

Der extrazelluläre Magnesiumspeicher stellt den bedeutendsten Anteil des insgesamt metabolisch verfügbaren Minerals dar. Jede Aufnahme oder jeder Verlust aus diesem Pool führt deshalb zu einer Verringerung der Magnesiumkonzentration.

Bei Athleten, die regelmäßig Ausdauersport betreiben, sind wiederholt niedrige Plasmamagnesiumwerte in Ruhe wie auch unter Belastungsbedingungen gemessen worden. Für diesen Konzentrationsabfall sind jedoch mehrere verschiedene Erklärungen gegeben worden.

Tabelle 5. Empfohlene Tageszufuhr für Mineralstoffe (mg). Die angegebenen Daten sind den NRC-DGE-Empfehlungen entnommen. NRC = National Research Council, Recommended Dietary Allowances 1989 (USA); DGE = Deutsche Gesellschaft für Ernährung, Empfehlungen für die Nährstoffzufuhr 1991

Alter	Magnesium	Kalzium	Phosphor	Eisen	Zink
Männer					
15–18/15–18	400/400	1200/1200	1200/1600	12/12	15/15
19–24/19–25	350/350	1200/1000	1200/1500	10/10	15/15
25–50/25–51	350/350	800/900	800/1400	10/10	10/15
Frauen					
15–18/15–18	300/350	1200/1200	1200/1600	25/15	12/12
19–24/19–25	280/300	1000/1000	1200/1500	15/15	12/12
25–50/25–51	280/300	800/900	800/1400	15/15	12/12

Als mögliche Ursachen für diesen Konzentrationsabfall sind Schweißverluste, aber auch eine Aufnahme von Magnesium durch die roten Blutkörperchen und Fettzellen vermutet worden. Die schweißbedingten Verluste sind in der Regel klein (s. Tabelle 3), können aber bei längerdauerndem Schwitzen ein beträchtliches Ausmaß annehmen. Es dürfte daher schwierig zu entscheiden sein, ob erniedrigte Plasmamagnesiumwerte bei Sportlern tatsächlich einen Mangelzustand darstellen oder ob diese Erscheinung lediglich als das Resultat physiologischer Magnesiumverschiebungen zu betrachten sei. Der Magnesiumverlust kann außerdem 24 h nach intensiver Belastung ein größeres Ausmaß erreichen. Eine unzureichende Verfügbarkeit von Magnesium ist mit Beeinträchtigungen des Energiestoffwechsels, rascherer Ermüdung und dem Auftreten von Muskelkrämpfen in Verbindung gebracht worden [37, 131]. Letzteres wurde allerdings in einer Studie über Marathonläufer nicht bestätigt [177 a].

Magnesiumzufuhr

Die Bedarfsempfehlungen für andere Mineralien als Natrium, Kalium und Chlorid sind in Tabelle 5 aufgeführt. Die in dieser Aufstellung angegebenen Werte wurden von amerikanischen und deutschen Expertenkommissionen erarbeitet. Es handelt sich dabei um Tagesdosen, die für vorwiegend sitzende Personen als ausreichend erachtet werden. Bis heute existieren noch keine Richtlinien für Sportler, bei denen der Bedarf an allen Nährstoffen möglicherweise höher anzusetzen ist.

In bezug auf den Magnesiumgehalt gibt es zwischen den einzelnen Lebensmitteln beträchtliche Unterschiede.

Fisch, Fleisch und Milch enthalten relativ wenig Magnesium, während Gemüse, exotische Früchte, Beeren, Bananen, Pilze, Nüsse, Hülsenfrüchte und Getreide verhältnismäßig magnesiumreich sind.

Die Versorgung mit Magnesium hat laut Berichten in den letzten Jahrzehnten abgenommen, was höchstwahrscheinlich auf den vermehrten Konsum raffinierter und industriell verarbeiteter Lebensmittel zurückzuführen ist. So geht z.B. >80 % des in ungemahlenem Getreide enthaltenen Magnesiums durch die Entfernung der Keim- und Wasserschichten verloren [131]. Daten betreffend die Magnesiumzufuhr bei Sportlern sind spärlich. In einer sehr kürzlich publizierten Studie wurde ein Zusammenhang zwischen Magnesiumzufuhr und Energiezufuhr festgestellt [59]. Dabei zeigte sich, daß Ausdauersportler, deren tägliche Energiezufuhr höher liegt, gemessen an den Bedarfsempfehlungen für inaktive Personen ausreichend mit Magnesium versorgt sind. Diese allgemeinen Empfehlungen stellen jedoch möglicherweise für aktive Sportler keine optimalen Werte dar, da intensive Körperbelastung erhöhte Magnesiumverluste mit dem Urin und dem Schweiß zur Folge hat (Abb. 30).

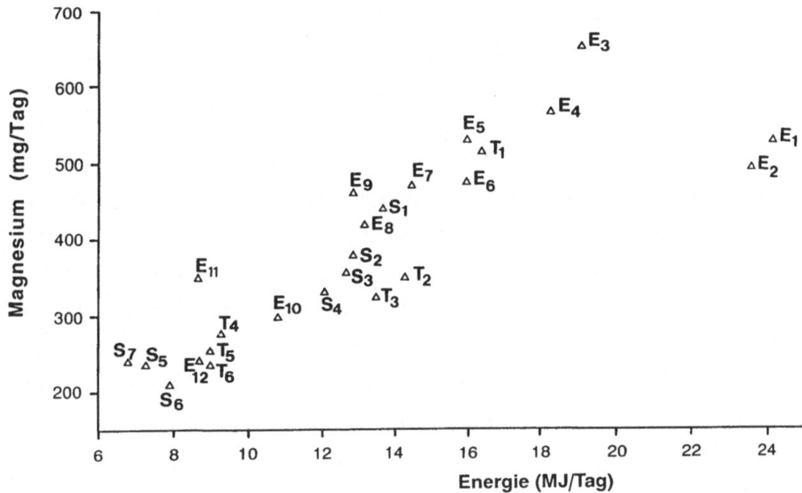

Abb. 30. Die Magnesiumaufnahme bei Athleten nimmt mit größerer Energieaufnahme zu. *E* Ausdauerathleten, *S* Kraftsportler, *T* Teamsportler. (Mit freundl. Genehmigung: van Erp-Baart et al. [59–60])

4.1.1.3 Kalzium

Von den 1200 g Kalzium, die der menschliche Organismus enthält, sind rund 99 % in das Skelett eingebaut. Nur ein Bruchteil davon (1 %) befindet sich in der extrazellulären Flüssigkeit und in den intrazellulären Strukturen der Weichteile [131].

Dieser geringe Anteil stellt den metabolisch verfügbaren Pool dar. Das Plasmakalzium wird hauptsächlich durch regulierende Hormone, welche die Resorption, die Sekretion und den Knochenstoffwechsel steuern, innerhalb enger Konzentrationsgrenzen gehalten. Kalzium, das in das Plasma eintritt, stammt entweder aus der Nahrung oder wurde aus den Knochen freigesetzt. Kalzium wird mit dem Urin, Schweiß oder Stuhl ausgeschieden. Beim Kalzium, das im Stuhl vorhanden ist, handelt es sich zum überwiegenden Teil um nichtresorbiertes Kalzium. Beim Erwachsenen beträgt die Nettoresorption von Kalzium im Darm ca. 30 % [131]. Die

Harnausscheidung ist in erster Linie von der Art der eingenommenen Nahrung abhängig. Die Kalziumausscheidung mit dem Harm nimmt mit steigender Proteinzufuhr zu, insbesondere wenn die Phosphorzufuhr konstant bleibt [110, 131].

Der Mineralstoffumsatz im Knochen ist ein kontinuierlicher Vorgang, so daß fortlaufend Kalzium (und gleichzeitig Phosphor) resorbiert und freigesetzt wird. Bei zu geringer Kalziumzufuhr bleiben die Plasmakalziumwerte konstant, während die Kalziumresorption im Knochen verringert und die Kalziumfreisetzung aus dem Knochen normal oder erhöht ist. Die Plasmakalziumkonzentrationen sagen deshalb nichts über die wirkliche Kalziumversorgung des Organismus aus [37].

Einfluß der Körperbelastung

Unter Belastungsbedingungen spielt Kalzium eine wichtige Rolle für das Ingangsetzen der Muskelkontraktion. Die Kalziumfreisetzung in der Zelle löst einen Kontraktionszustand aus, während eine erneute Aufnahme von Kalzium zur Entspannung führt. Es ist nachgewiesen worden, daß die Plasmakalziumwerte *während Belastungen* unverändert bleiben, abnehmen oder zunehmen können [37, 169]. Diese Schwankungen können auf verschiedene Faktoren – z. B. Wasserverlust mit dem Effekt der Konzentrationserhöhung, vermehrte Freisetzung aus dem Knochen infolge von mechanischem Streß oder verminderte Aufnahme im Knochen infolge verminderter Knochensynthese – zurückgeführt werden. Zahlreiche neuere wissenschaftliche Befunde weisen darauf hin, daß Sportlerinnen an Streßfrakturen oder verminderter Knochendichte leiden können. Diese „Sportlerinnenosteoporose" wird offenbar durch eine durch Trainingsstreß bedingte Senkung von Hormonen, die den Kalziumstoffwechsel regulieren (insbesondere Östrogen), sowie durch eine relativ geringe Kalziumzufuhr verursacht [37]. Dies erklärt die große Häufigkeit dieser Anomalie bei sportlich aktiven

Frauen. Bei Athletinnen, die sich einem Krafttraining unterziehen und eine Diät mit hohem Proteingehalt einnehmen, kann es zu einer erhöhten Kalziumharnausscheidung kommen, besonders wenn die Phosphorzufuhr nicht parallel zur Proteinzufuhr erhöht wird. Die schweißbedingten Kalziumverluste sind gering (Tabelle 3).

Kalziumzufuhr

Auch die Kalziumzufuhr ist – je nach Menge und Zusammensetzung der eingenommenen Diät – starken Schwankungen unterworfen. Milchprodukte bilden die wichtigste Kalziumquelle. Als zusätzliche Kalziumlieferanten können ferner Nüsse, Hülsenfrüchte, einige grüne Gemüse (Broccoli) sowie Meerfrüchte dienen. Die tägliche Kalziumzufuhr ist sowohl von der Wahl der Nahrungsmittel als auch von der gesamten Nahrungs-/Energiezufuhr abhängig.

Bei Sportlern, deren tägliche Energiezufuhr niedrig ist oder die eine Diät zur Gewichtsreduktion befolgen, besteht deshalb die Gefahr einer marginalen Versorgung mit Kalzium (Abb. 31).

Bei Frauen, insbesondere Langstreckenläuferinnen, sind häufig Kalziumzufuhren unterhalb der RDA-Bedarfsempfehlungen beobachtet worden, was vermutlich eine Folge der relativ geringen Energiezufuhr darstellt [37, 59, 84, 131, 206). Außerdem wurde berichtet [87, daß bei Frauen nach der Menopause, die keine Östrogenersatztherapie erhalten, eine Kalziumzufuhr von 1500 mg/Tag erforderlich ist, um die Kalziumbilanz auszugleichen. Aus diesen Daten schloß Barr [9], daß Sportlerinnen, die an Amenorrhö leiden und ähnliche Hormonwerte aufweisen, die Kalziumzufuhr folglich 1500 mg/Tag betragen sollte. So betrachtet wäre die Kalziumzufuhr bei allen an Amenorrhö leidenden Sportlerinnen (besonders häufig bei Läuferinnen, Tänzerinnen, Turnerinnen und Bodybuildern) ungenügend.

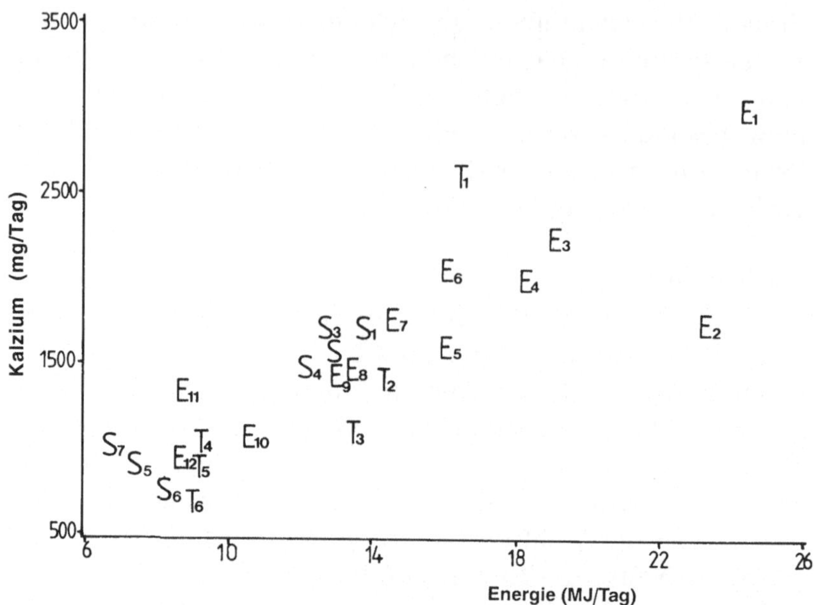

Abb. 31. Die Kalziumaufnahme bei Athleten nimmt mit größerer Energieaufnahme zu. *A* Ausdauerathleten, *S* Kraftsportler, *T* Teamsportler. (Mit freundl. Genehmigung Georg Thieme Verlag, Stuttgart, New York; Int J Sportsmed 10 (1989) S 11 – pp: van Erp-Baart et al. [59–60])

4.1.1.4 Phosphor

Phosphor stellt im Bereich der Knochenbildung das Gegenstück zu Kalzium dar. Rund 85 % des gesamten Phosphorspeichers des Organismus ist im Skelett eingelagert.

Der Rest ist auf die extrazellulären und intrazellulären Räume in den Weichteilen verteilt.

Es ist bekannt, daß die Phosphorzufuhr – und somit die Versorgung des Blutes mit Phosphor – die Knochenbildung beeinflußt. Aus diesem Grunde ist es wichtig, daß Phosphor und Kalzium in einem angemessenen Mengenverhältnis zugeführt werden. Die Darmresorption von Phosphor beträgt ca. 70 % und ist somit etwa doppelt so hoch wie die von Kalzium [131].

Phosphor wird mit dem Urin (zum überwiegenden Teil), mit dem Stuhl (v. a. der nichtresorbierte Anteil) und in unbedeutenden Mengen mit dem Schweiß ausgeschieden.

Phosphor ist außerdem ein wichtiger Bestandteil zahlreicher Enzyme und spielt eine bedeutende Rolle beim Energiestoffwechsel (Nukleotide und Verbindung mit B-Vitaminen). Jeglicher Phosphor (P), der im Blut zirkuliert oder in den Geweben eingelagert ist, befindet sich in seiner metabolisch aktiven Form als Phosphation (PO_4^{3-}).

Einfluß der Körperbelastung

Da Belastung zu Schweißverlust und Hämokonzentration führt, kann sie die Plasmaphosphatwerte erhöhen. Die schweißbedingten Phosphatverluste sind vernachlässigbar. Außerdem ist bekannt, daß Veränderungen der Alkalose (wirkt phosphatsenkend), der Azidose sowie Zellschädigungen (phosphaterhöhend) die Plasmakonzentrationen beeinflussen können [104].

Phosphorzufuhr

Phosphor ist insbesondere in eiweißreichen Nahrungsmitteln, wie z. B. Milch, Fleisch, Geflügel und Fisch sowie in Getreideprodukten enthalten.

Die bei normaler Ernährung zugeführte Phosphormenge beträgt ca. 1500 mg pro Tag, ein Wert, der über die Jahre relativ konstant geblieben ist. Mit einer Erhöhung der täglichen Energiezufuhr wird in der Regel auch die Phosphorzufuhr erhöht. Phosphormangelzustände kommen deshalb bei gesunden, sportlich aktiven Personen im allgemeinen nicht vor [131].

4.1.1.5 Eisen

Eisen ist ein wichtiger Bestandteil von Hämoglobin, Myoglobin und einigen Enzymen. Eine bedeutende Rolle spielt die Verfügbarkeit von Eisen für die Bindung und den Transport von Sauerstoff, für die Übertragung von Elektronen in der Elektronentransportkette sowie für die Energieproduktion.

Rund 30 % des gesamten Eisens ist in den Speicherformen Ferritin, Hämosiderin sowie – zu einem geringen Teil – Transferrin vorhanden. Diese Eisenspeicher können deshalb als Indikatoren für die Eisenversorgung verwendet werden. Eine mangelhafte Versorgung mit Eisen äußert sich in niedrigen Serumferritinwerten, erhöhten Protoporphyrinwerten in den roten Blutzellen, reduzierten Transferrinsättigungskonzentrationen sowie gesenkten Hämoglobinwerten. Bei ungenügender Eisenzufuhr ist zunächst die Speicherform betroffen. Bei längerdauerndem Eisenmangel wird schließlich die Hämoglobinproduktion beeinträchtigt, was zur Eisenmangelanämie führt. Letztere vermindert die Sauerstofftransportkapazität und kann somit die Ausdauerleistungskapazität beeinträchtigen [131, 145, 150].

Einfluß der Körperbelastung

Zahlreiche Daten, die in den vergangenen 10 Jahren gesammelt worden sind, zeigen, daß manche regelmäßig trainierende Sportler verminderte Eisenreserven besitzen, was sich anhand verminderter Eisenwerte im Knochenmark, niedriger Serum-/Plasmaferritinspiegel und einer erhöhten Eisenbindungskapazität nachweisen läßt. Bestimmte Daten über normale oder erhöhte Serumferritinwerte bei Ausdauersportlern könnten jedoch irreführend sein, da nachgewiesen worden ist, daß streßreiche Körperbelastungen eine vorübergehende Erhöhung der Serumferritinwerte bewirken. Serumferritinwerte, die kurze Zeit nach intensiven Ausdauerbelastungen gemessen wurden, geben also möglicherweise kein exaktes Bild der im Körper vorhandenen Eisenreserven [102].

Obwohl es Anhaltspunkte dafür gibt, daß eine mangelhafte Eisenversorgung bei Sportlern teilweise durch die Bevorzugung von Nahrungsmitteln mit geringem Gehalt an Häm-Eisen erklärbar ist (dies gilt insbesondere für Sportler,

die vegetarische und stark faserhaltige Kost zu sich nehmen),
deuten einige Daten darauf hin, daß die Belastung als solche
die Verluste und den Bedarf an Häm-Eisen erhöhen kann.

Mit dem Schweiß können beträchtliche Eisenmengen verlorengehen. Dadurch mögen sich Auswirkungen der Belastung auf den Eisenstatus erklären lassen. Mechanische
Streßwirkungen bei der Landephase des Fußes beim Schnell-
lauf können Schädigungen der roten Blutzellen zur Folge
haben, die zur Hämolyse führen und die Hämoglobinwerte
senken. Das in lädierten Hämoglobin enthaltene Eisen geht
in den zirkulierenden Eisen-pool über und wird dort erneut
verfügbar [37, 56, 57, 118, 132, 145, 150, 152).

Die Auswirkungen der Belastung auf die Darmresorption
von Eisen – insbesondere bei Ausdaueraktivitäten, welche
die Darmdurchblutung stark vermindern und möglicher-

Abb.32. Während des Laufens erleidet die Fußsohle in der Landungs-
phase Spitzen hoher Druckbelastung. Man nimmt an, daß dadurch rote
Blutkörperchen mit tiefer Streßtoleranz beschädigt werden können,
was zur Anämie führen kann

weise auch andere Transportsysteme beeinträchtigen – sind weitgehend ungeklärt. Ebensowenig ist bekannt, in welchem Ausmaß reduzierte Eisenspeicher bei Sportlern zu einer Erhöhung der Eisenresorption führen, wie dies bei Personen mit vorwiegend sitzender Lebensweise beobachtet worden ist. Laut neueren Studien kann Ausdauerbelastung zu gastrointestinalen Blutungen führen. In solchen Fällen sind erhöhte Hämoglobinwerte im Stuhl und Eisenverluste beobachtet worden [30, 123].

Eisenzufuhr

Rotes Fleisch, Leber, Geflügel, dunkelgrüne Gemüse sowie Getreide (insbesondere mit Eisen angereicherte Produkte) sind die wichtigsten Eisenlieferanten in unserer Nahrung. Das im Fleisch enthaltene Häm-Eisen ist die am besten resorbierbare Eisenquellen. Aus nicht Häm-Eisen-haltigen Nahrungsmitteln wird weniger Eisen resorbiert, und die Eisenresorption kann durch sonstige Bestandteile des Nahrungsmittels oder der Mahlzeit weiter herabgesetzt werden. Vitamin C fördert die anorganische Eisenresorption, während Nahrungsfasern, Schwarztee, Kaffee und Kalziumphosphat die Resorption beeinträchtigen [131]. Die Eisenzufuhr ist bei vegetarisch lebenden Sportlern infolge fehlender Häm-Eisen-haltiger Nahrungsmittel oft unzureichend. Bei Sportlerinnen oder Athleten, die ihr Körpergewicht an eine bestimmte Gewichtsklasse anpassen müssen, sowie bei Turner/Turnerinnen kann die Eisenzufuhr infolge der qualitativen Wahl der Lebensmittel als auch der geringen quantitativen Energiezufuhr knapp oder unzureichend sein [38, 55, 84, 176, 106]. Empfehlungen für eine ausreichende und sichere Eisenzufuhr sind in Tabelle 5 aufgeführt. Man nimmt an, daß die erforderliche Tageszufuhr für Sportler über diesem RDA-Wert liegt. Weitere Forschungen sind nötig, um den Bedarf bei Sportlern zu ermitteln.

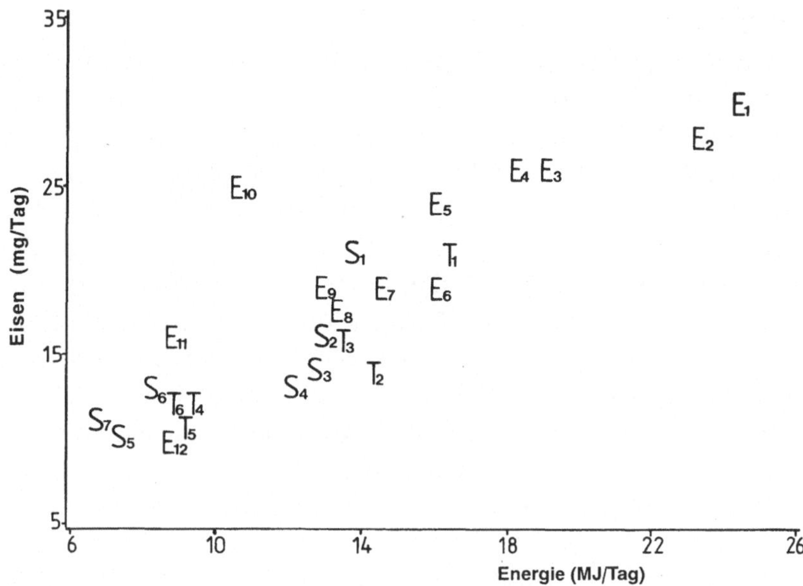

Abb. 33. Die Eisenaufnahme bei Athleten nimmt mit größerer Energie-aufnahme zu. *E* Ausdauerathleten, *S* Kraftsportler, *T* Teamsportler. (Mit freundl. Genehmigung des Georg Thieme Verlag, Stuttgart, New York; Int. J. Sports Med 10 (1989) S 11–pp: van Erp-Baart et al. [58–60])

4.1.1.6 Zink

Zink ist im Knochen und in der Muskulatur in relativ großen Mengen vorhanden. Diese Speicher sind jedoch nicht meta-bolisch verfügbar. Der körpereigene Pool von frei verfügba-rem Zink, der sich v. a. im Blut befindet, ist klein und besitzt eine hohe Umsatzrate. Zink ist am Wachstum und an der Entwicklung der Gewebe (insbesondere des Muskelgewe-bes) beteiligt, da es einen unerläßlichen Bestandteil zahlrei-cher Enzyme bildet, deren Aktivität wichtige Stoffwechsel-bahnen betrifft. Neuere Studien deuten darauf hin, daß Zink auch für die Immunkompetenz eine wesentliche Rolle spielt [5, 97, 131].

Einfluß der Körperbelastung

Da das im Plasma befindliche Zink weitgehend dem frei verfügbaren Zink-pool entspricht, ist es naheliegend, daß jede belastungsbedingte rasche Änderung des Plasmavolumens den Zinkstatus beeinflußt, sei es aufgrund einer dehydrationsbedingten Abnahme des Plasmavolumens (wodurch die Zinkkonzentration infolge der Blutverdickung erhöht wird) oder aufgrund einer durch die Wasser- und Natriumretention bedingte Zunahme des Plasmavolumens in der Nachtrainingsphase (wodurch die Zinkkonzentration verringert wird). Abgesehen von diesen Effekten kann man annehmen, daß es infolge der Belastung auch zu funktionellen Verschiebungen von Zink zwischen verschiedenen Körpergeweben kommt.

An sich scheint es ziemlich schwierig, die Auswirkungen der Belastung auf den Zinkstatus aufgrund der Plasmazinkkonzentration zu ermitteln [5, 37]. Bei Radrennfahrern, die an der Tour de France teilnahmen, wurde im Verlauf mehrerer Wochen ein beträchtlicher Anstieg der Plasmazinkwerte beobachtet [164]. Trotzdem ist es aber möglich, daß der Zinkbedarf unter Belastungsbedingungen zunimmt, da das Mineral hauptsächlich mit dem Urin und dem Schweiß verloren wird und diese Verluste bei Ausdaueraktivitäten erhöht sind [4, 5, 37, 41, 78]. Die erhöhte Harnausscheidung von Zink ist möglicherweise durch Schädigungen der Muskelfasern bedingt, die durch während der Belastung auftretende mechanische Kräfte verursacht werden. Besonders in der Nachbelastungsphase kann Zink aus geschädigten Zellen verlorengehen. Analog kann Fasten, das zu Muskelschwund führt, die Serum- und in der Folge auch die Urinzinkkonzentrationen erhöhen [178]. Eine kürzliche Studie konnte aber keinen Einfluß von Muskelschäden auf den Serumzinkspiegel nachweisen [215].

Zinkzufuhr

Fleisch, Leber und Meerfrüchte sind die Nahrungsmittel mit dem höchsten Zinkgehalt. Als weitere Zinklieferanten kommen ferner Milch, Getreideprodukte und Müsli in Frage. Stark KH-haltige – insbesondere raffinierte – Nahrungsmittel sind als Zinkquellen wenig geeignet. Phytat und Nahrungsfasern reduzieren nachgewiesenermaßen die Zinkresorption [131] und können daher die Bioverfügbarkeit von Zink aus Getreideprodukten und Müsli herabsetzen. Die Zinkzufuhr scheint bei vielen Personen mit sitzender Lebensweise knapp zu sein. Eine unzureichende Zinkzufuhr kann sich bei Sportlern infolge der trainingsbedingten Verluste noch weiter verschärfen [84, 177]. Es wurde jedoch beobachtet, daß die Zinkzufuhr bei Sportlern weitgehend mit der gesamten Energiezufuhr korreliert (Abb. 34). Die meisten Sportler,die in den Niederlanden untersucht wurden, nahmen mehr Zink zu sich, als die RDA-Empfehlungen für normale, inaktive Personen vorsehen [60]. Bei vegetarisch lebenden Sportlern kann eine Tendenz zu marginaler Zinkversorgung bestehen, insbesondere wenn sie eine kalorienarme Diät zu sich nehmen [72, 141]. Es gibt jedoch keine stichhaltigen Beweise dafür, daß Vegetarier generell an Zinkmangel leiden [55]. Empfehlungen für eine ausreichende und sichere Zinkzufuhr sind in Tabelle 5 aufgeführt.

4.1.2 Mineralienersetzung und -supplementierung

Aus den vorhergehenden Abschnitten kann gefolgert werden, daß die Mineralienzufuhr bei Sportlern verglichen mit den RDA-Empfehlungen für normale Personen mit sitzender Lebenweise in den meisten Fällen ausreichend ist und daß eine Supplementierung für gesunde Personen, die genügend Fleisch, Obst, Gemüse, Getreide und Vollkornprodukte zu sich nehmen, keine Vorteile bietet.

Die Ernährung von Hochleistungssportlern ist jedoch aus verschiedenen Gründen oftmals unausgewogen. Viele Athleten nehmen bis 40 % der täglich zugeführten Energie in Form von Zwischenmahlzeiten zu sich, die zwar energie-

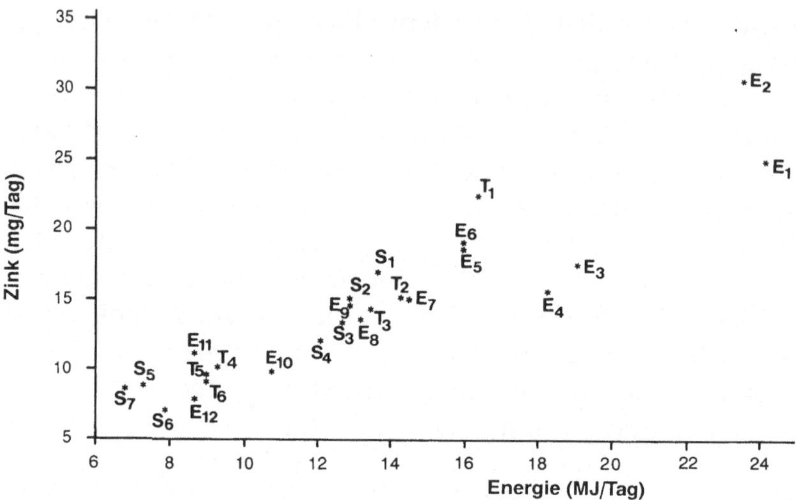

Abb. 34. Die Zinkaufnahme bei Athleten nimmt mit größerer Energie-aufnahme zu. *E* Ausdauerathleten, *S* Kraftsportler, *T* Teamsportler. [Mit freundl. Genehmigung: van Erp-Baart et al. [59–60])

reich, aber arm an Mikronährstoffen sind [23, 58, 165]. Die Versorgung mit Mineralstoffen hängt weitgehend von der Qualität der ausgewählten Nahrungsmittel wie auch von der Menge der eingenommenen Nahrung ab. Folglich können Situationen auftreten, in denen eine Supplementierung wünschbar sein kann, z. B. bei Sportlern, die vorübergehend keine Normalkost zu sich nehmen, sondern die Nahrungszu-fuhr beschränken und gleichzeitig intensiv trainieren, wobei unzureichende Mikronährstoffwerte beobachtet worden sind [besonders bei Frauen, Sportlern, die in Disziplinen mit Gewichtsklasseneinteilung aktiv sind, sowie Vegetariern (s. Tabelle 1)]. Die Mineralisierung von Nahrungsprodukten/ Mahlzeiten, die bei hochintensiven Ausdauerdisziplinen, wie z. B. Triathlon, mehrtägige Wettkämpfe und Hochalpinis-mus, die Normalkost ersetzen sollen, wird empfohlen. Die Supplementierung sollte jedoch die empfohlenen Werte für eine sichere Tageszufuhr nicht überschreiten. Es ist in diesem Zusammenhang immer noch eine offene Frage, ob die für

inaktive Personen intendierten RDA-Empfehlungen auch
für Sportler angemessen sind, die während Belastungen
u. U. beträchtliche Mineralienmengen mit dem Schweiß und
dem Urin verlieren. Die Ersetzung verlorener Mineralien
durch Einnahme mineralisierter Sportgetränke ist akzepta-
bel, solange die Mineralwerte die für den Ganzkörperschweiß ermittelten Obergrenzen (s. Tabelle 3) nicht überschreiten. Obwohl beträchtliche Eisenmengen mit dem
Schweiß verlorengehen, ist es unseres Wissens nicht gerechtfertigt, dieses Mineral während der körperlichen Belastung
durch Einnahme von eisenhaltigen Sportgetränken zu ersetzen.

Allgemein kann gesagt werden, daß eine Ersetzung von
bzw. Supplementierung mit Mineralien bei gesunden Personen, die eine ausgewogene Ernährung zu sich nehmen, zwar
nicht die Leistungskapazität steigert, aber u. U. zu einer ausreichenden Tageszufuhr beiträgt. Bei ungeeigneter Wahl der
Nahrungsmittel und unausgewogener Zusammensetzung der
Ernährung sowie bei vegetarischer Lebensweise kann es
jedoch bei Sportlern zur Unterversorgung mit bestimmten
Mineralien – insbesondere Eisen, Zink und Magnesium –
kommen. Neben einer Ernährungsberatung kann in solchen
Fällen auch eine Supplementierung angezeigt sein. In Anbetracht des allgemeinen Ziels der Sportler, sich optimal zu
ernähren, und angesichts der Risiken, die eine Übersupplementierung und die invasiven, komplexen Verfahren zur
Ermittlung des Mineralstatus mit sich bringen, wäre es wichtig, Sportler und deren Berater in praktischen Ernährungsfragen und im Hinblick auf sichere Nährstofftagesdosen auszubilden. Für Mikronährstoff enthaltende Spezialpräparate
für Sportler sollten deshalb entsprechende Bestimmungen
ausgearbeitet werden, um sicherzugehen, daß diese die offiziellen Empfehlungen für eine gesundheitlich unbedenkliche
Tageszufuhr nicht überschreiten.

Bestimmte Mineralien sind in großen Mengen propagiert worden, weil sie aufgrund ihrer speziellen Einflüsse auf den Stoffwechsel leistungssteigernd wirken sollen, z. B. Phosphate und Natriumbikarbonat.

Diese Mengen haben an sich nichts mit einer Mineraliensupplementierung zu tun, die eine Erhöhung der Tageszufuhr, eine Kompensation der durch Schwitzen und Harnausscheidung bedingten Verluste oder eine Verbesserung des Mineralstatus des Organismus bezweckt.

Aufgrund ihrer speziellen Verwendungsart werden diese Substanzen in gesonderten Abschnitten näher behandelt werden (s. 5.7 und 5.8).

4.2 Spurenelemente

Die Bedeutung der Spurenelemente für zahlreiche Funktionen und ihre Auswirkungen auf Gesundheit und Leistung haben bis vor rund 10 Jahren kaum Beachtung gefunden.

Dies ist v. a. dadurch zu erklären, daß geeignete Analysemethoden fehlten, um diese Elemente, die sich in winzigen Mengen in Körperflüssigkeiten und Geweben befinden, zu messen und zu erforschen.

Die neuesten technischen Entwicklungen haben uns jedoch erste Einsichten in den Spurenelementstatus ermöglicht.

Im folgenden sollen Funktion und Verfügbarkeit einiger Spurenelemente sowie die möglichen Auswirkungen körperlicher Belastungen auf den Bedarf an Spurenelementen beschrieben werden.

Dabei werden folgende Spurenelemente behandelt:

- Kupfer,
- Chrom,
- Selen.

4.2.1 Der Spurenelementstatus

Erst im vergangenen Jahrzehnt haben verbesserte Analyseverfahren es ermöglicht, die Spurenelemente und ihr Funktionen am lebenden Organismus zu untersuchen. Bisher haben sich die meisten ernährungswissenschaftlichen/sportmedizinischen Studien mit den Makronährstoffen Fett, Protein, KH und Wasser befaßt; Utilisation, Funktion und Speicherung dieser Makronährstoffe unterliegen jedoch weitgehend der Regulation durch Mikronährstoffe [5]. Eine unzureichende Zufuhr von Spurenelementen kann zu einer Beeinträchtigung des Spurenelementstatus führen, der bekanntlich die biochemischen und physiologischen Funktionen und in der Folge die Gesundheit beeinflußt. Der Spurenelementstatus ist schwierig zu untersuchen. Es ist möglich, Proben aus Serum, Geweben, Haar, Zehennägeln, Stuhl, Urin und Schweiß, zu entnehmen. Eine Analyse der 4 erstgenannten Proben kann zwar etwas über den Zustand des Pools, aus dem die Probe stammt, aussagen; dies heißt jedoch nicht unbedingt, daß die betreffende Probe für den ganzen Organismus oder die wichtigsten Gewebe repräsentativ ist. Die 3 letztgenannten Proben können als Indikatoren für die Auswirkungen von körperlichem Streß auf den Verlust von Spurenelementen dienen und somit etwas über das Ausmaß dieser Verluste und deren Implikationen für den Tagesbedarf aussagen. Erhöhte Verluste liefern uns jedoch keine Informationen, über den Status anderer Gewebe. Aufgrund neuer Erkenntnisse, die in den vergangenen 10 Jahren erarbeitet worden sind, besitzen wir heute aber Hinweise, daß bestimmte Lokalisationen von Proben für bestimmte Spurenelemente repräsentativ sind.

4.2.1.1 Kupfer

Kupfer ist ein für den menschlichen Organismus unerläßliches Element. Kupfermangel führt nachweislich zu Beeinträchtigungen der Gesundheit und funktionellen Störungen.

Kupfer ist ein Bestandteil zahlreicher Enzyme, und spielt eine wichtige Rolle für den Energiestoffwechsel, die Gewebebildung sowie den Schutz gegen freie Radikale. Kupfer beeinflußt außerdem den Eisenstoffwechsel [131].

Die Aktivität der in den Erythrozyten enthaltenen Superoxidismutase (SOD), eines Enzyms, das die schädliche Wirkung von freien Radikalen ausschaltet, scheint ein objektiver Parameter für den Kupferstatus zu sein [5, 37, 103].

Coeruloplasmin, das wichtigste Kupfer bindende Protein im Blutplasma, kann unter normalen Ruhebedingungen etwas über den Kupferstatus aussagen. Es ist jedoch bekannt, daß Coeruloplasmin in Streßperioden von der Leber in vermehrtem Maße freigesetzt wird. Dies kann somit bei Krankheit oder in Perioden mit intensiver, zur Erschöpfung führender Körperbelastung zu Fehlinformationen über den effektiven Kupferstatus führen [5, 37].

Einfluß der Körperbelastung

Das Plasmacoeruloplasmin und die Serumkupferwerte nehmen unter Belastungsbedingungen laut einigen Studien zu, während in anderen über keine Veränderung oder eine Senkung berichtet wird. Dies kann durch verschiedenen Faktoren – z.B. Unterschiede hinsichtlich Trainingszustand, Art der Belastung, Ausmaß der Plasmavolumenänderung oder effektiven Kupferstatus – bedingt sein. Beim Schwitzen gehen beträchtliche Kupfermengen verloren [93, 103].

Es ist deshalb die Vermutung geäußert worden, daß wiederholte, starke Schweißverluste den Kupferstatus beeinträchtigen und daß möglicherweise eine erhöhte Kupferzufuhr notwendig sei, um die durch fortgesetzte Schwitzen bedingten Verluste auszugleichen [4, 5]. Die normalen RDA-Werte für Kupfer liegen möglicherweise für Sportler zu tief. Weitere Forschungen sind nötig, um den Kupferbedarf bei Sportlern zu ermitteln.

Tabelle 6. Empfohlene/sichere Tageszufuhr für Spurenelemente. Daten gemäß Empfehlungen der NRC und DGE. *NRC* National Research Council, Recommended Dietary Allowances 1989 (USA); *DGE* Deutsche Gesellschaft für Ernährung, Empfehlungen für die Nährstoffzufuhr 1991. f = Frauen, m = Männer

Element	Kupfer (mg) f.+m.	Chrom (µg) f.+m.	Selen (µg) f.+m.
NRC	1,5–3,0	50–200	55– 70
DGE	2,0–4,0	50–200	20–100

Kupferzufuhr

Innereien, insbesondere Leber, sind die kupferreichsten Nahrungsmittel, gefolgt von Meerfrüchten, Nüssen, Samen und Kartoffeln. Milch enthält nur wenig Kupfer. Die Kupferzufuhr beim Menschen ist relativ gering; sie beträgt nur 0,9–1,2 mg/Tag. Es ist bekannt, daß Zink Ascorbinsäure, Eisen, Kalzium, Protein, Fruktose und Nahrungsfasern sowie eine hohe Fruktosezufuhr die Resorption von Kupfer und somit den Kupferstatus beeinträchtigen [4]. Empfehlungen für eine ausreichende und sichere Kupferzufuhr sind in Tabelle 6 aufgeführt [131].

4.2.1.2 Chrom

Chrom wirkt hauptsächlich in Verbindung (als Kofaktor) mit Insulin, d. h. es potenziert dessen Aktivität. Es ist deshalb unerläßlich für die Regulierung des Blutglukosespiegels. Experimentelle Chrommangelzustände setzen die Insulinwirksamkeit herab, beeinträchtigen die Blutglukoseregulation und können sogar zu Diabetes führen.

Aufgrund seiner Rolle im Insulin-KH-Energiestoffwechsel gilt Chrom als besonders wichtige Substanz für Personen, die schwere körperliche Arbeit leisten und eine KH-reiche Nahrung zu sich nehmen.

Die Chromkonzentration im Blut scheint kein aussagekräftiger Indikator für den Chromstatus zu sein. Die Urinverluste stellen ein kumulierter Gesamtwert kleiner, vorübergehender Änderungen im Blut dar, der offenbar zuverlässigere Hinweise auf Schwankungen des Chromstoffwechsels liefert [3, 5, 97, 131].

Einfluß der Körperbelastung

Verschiedene Streßwirkungen – z.B. körperliche Anstrengungen, Infektionskrankheiten oder Verletzungen – verschlimmern nachweislich die Zeichen einer marginalen Chromversorgung. Am plausibelsten ist dies im Falle der Körperarbeit, da Belastungen die durch die Harnausscheidung bedingten Chromverluste erhöhen. Außerdem ist erwiesen, daß eine KH-reiche Ernährung – insbesondere die Einnahme stark glykämisch wirkender KH wie Mono- und Disaccharide – vermehrte Chromverluste mit dem Urin zur Folge hat. Dies ist höchstwahrscheinlich durch die Wirkungen dieser KH auf die Insulinausschüttung und den anschließenden chemischen Abbau bedingt.

Die Chromverluste mit dem Schweiß konnten bisher nicht mit akzeptablen Sammel- und Analysetechniken quantifiziert werden.

Tierversuche haben ergeben, daß ein marginaler Chromstatus mit einer Abnahme des Glykogenspeichers in der Leber und im Muskel einhergeht, während eine Supplementierung mit Chrom in dieser Situation die Glykogenreserven erhöht. Da die Ausdauerleistungskapazität wie auch die Proteinspaltung von der KH-Verfügbarkeit abhängig sind, kann vermutet werden, daß eine ausreichende Chromzufuhr mit der Nahrung die Leistungsfähigkeit von Ausdauersportlern erhöht.

In einer Studie wurde berichtet, daß eine Supplementierung mit Chrom in Form von Chrompicolinat bei Kraftsport-

lern das Magergewicht erhöht und die Fettmasse reduziert.
Diese Resultate sollten jedoch vorsichtig interpretiert werden,
da der Chromstatus der Versuchspersonen nicht kontrolliert
wurde. Es wird vermutet, daß der insulinpotenzierende Effekt
des Chroms für den vermehrten Einbau von Aminosäuren in
das Muskelgewebe verantwortlich ist, wodurch sich die Muskelmasse und der Stoffwechselumsatz in Ruhe erhöht und die
Fettmasse reduziert [3, 4, 5, 35, 37, 96, 103].

Weiterer Studien werden notwendig sein, um diese Resultate von Evans zu verifizieren [61] und daraus mögliche
Effekte einer Chromsupplementierung bei Sportlern herzu-
leiten.

Chromzufuhr

Für Chrom wird eine Tageszufuhr von 50–200 mg/Tag empfohlen bw. vorgeschlagen [131].

Die Chromzufuhr ist jedoch in westlichen Ländern (USA,
England, Finnland) i. allg. geringer [5].

Die Resorption von Chrom schwankt zwischen 0,3 und
1,0 % für anorganisches Chrom und zwischen 5 und 15 % für
organisch gebundenes Chrom, wie es z. B. in der Hefe vorkommt, wobei sich die Resorption bei normaler Tageszufuhr
umgekehrt proportional zur eingenommenen Menge verhält.
Wichtige chromhaltige Nahrungsmittel sind Broccoli, Au-
stern, Pilze, Hefe und Kleie. Außerdem ist bekannt, daß Kon-
servennahrung infolge der Verarbeitung und Lagerung in
Metallbehältern einen erhöhten Chromgehalt aufweist. Die
Chromausscheidung ist bei hoher KH-Zufuhr nachweislich
erhöht, und die Resorption wird durch die Einnahme von
stark faserhaltiger Nahrung beeinträchtigt. Die Resorption
von Chrom wird durch Eisen und Zink gehemmt [5, 131].

4.2.1.3 Selen

Selen ist ein wichtiger Bestandteil des Enzyms Glutathion-
peroxidase, das zusammen mit Vitamin E, die Spaltung von

Hydroperoxiden reguliert. Selen besitzt selber antioxidative Eigenschaften und spielt eine wichtige Rolle bei der Ausschaltung freier Radikale, die bekanntlich im Falle von Verletzungen, in Streßsituationen sowie bei intensiver Körperarbeit in vermehrtem Maße auftreten. Es wird vermutet, daß Selenmangelzustände Schädigungen des Muskelgewebes mit resultierender Kardiomyopathie, Muskelbeschwerden und Muskelschwäche hervorrufen [37, 97, 103].

Einfluß der Körperbelastung

Aufgrund seiner antioxidativen Funktion kann Selen zur Verhinderung der belastungsinduzierten Peroxidation von Fettstoffen beitragen und dadurch das Ausmaß von Zellschädigungen mildern; dies v. a. in den aktiven Geweben, wie z. B. der Muskulatur, sowie in Geweben, bei denen die Gefahr von Durchblutungsstörungen bis zur lokalen Ischämie besteht (Gastrointestinaltrakt).

Es sind zwar Daten verfügbar, die darauf hindeuten, daß eine Supplementierung mit Vitamin E die Lipidperoxidation herabsetzt, doch liegen bisher keine Studien vor, in denen die Wirkung von Selensupplementen spezifisch untersucht wurde. Über belastungsinduzierte Schweißverluste von Selen sind keine Daten verfügbar [37, 103].

Selenzufuhr

Die Empfehlungen für eine ausreichende und sichere Tageszufuhr von Selen sind in Tabelle 6 aufgeführt. Nahrungsmittel von hohem Selengehalt sind Meerfrüchte, Niere und Leber, Reich an Selen sind auch Getreidekörner und Samen, obwohl ihr Selengehalt je nach Anbauort schwanken kann [131].

Gesunde Personen scheinen in der Regel ausreichend mit Selen versorgt zu sein. Über den Selenstatus bei Sportlern sind keine Daten verfügbar, was darauf hinweist, daß dieses Gebiet noch erforscht werden muß.

4.2.2 Spurenelementersetzung bzw. -supplementierung

Obwohl eine ausgewogene Ernährung, die Obst, Gemüse, Getreideprodukte, Fleisch und Meerfrüchte enthält, eine angemessene Versorgung mit Spurenelementen sicherstellen sollte, kann aus den vorhergehenden Abschnitten gefolgert werden, daß gesunde Personen – einschließlich Sportler – oftmals zu wenig Eisen, Zink, Kupfer und Chrom zu sich nehmen. Dies kann zu einem marginalen Spurenelementstatus führen, der verschlimmert wird durch belastungsinduzierte Schweiß- und Harnverluste sowie durch knapp bemessene Nahrungszufuhr und verstärkte Verluste infolge reichlicher KH-Einnahme, wie dies v. a. bei Ausdaueraktivitäten der Fall ist. Zwar gibt es keine dokumentierten Berichte, die darauf hinweisen, daß sich der Spurenelementstatus von Sportlern generell von dem normaler Personen mit vorwiegend sitzender Tätigkeit signifikant unterscheidet, doch lassen verschiedene Studien vermuten, daß Sportler nicht immer ausreichend mit Spurenelementen versorgt sind.

Sportler sollen deshalb unterwiesen werden, wie sie die bestmögliche Wahl der Nahrungsmittel für ihre normalen Mahlzeiten treffen können.

Die tägliche Einnahme eines niedrigdosierten Spurenelementpräparats, das die offiziellen Bedarfsempfehlungen (Tabelle 6, Seite 95) nicht überschreitet, kann in Perioden mit intensiver Belastung ratsam sein oder in allen Situationen, in denen keine Normalkost eingenommen wird, z. B. wenn gleichzeitig eine Reduktionsdiät, verbunden mit intensivem Training, durchgeführt wird (insbesondere Frauen, vegetarisch lebende Sportler und solche, die sich in Disziplinen mit Gewichtsklasseneinteilung betätigen, s. Tabelle 1). Die Einnahme von Spurenelementen in Ergänzung zu Spezialnahrung/Mahlzeiten, welche die Normalkost während der Ausübung von Ausdauersportarten wie Triathlon, mehrtägigen Wettkämpfen und Hochalpinismus ersetzen, ist zu befürworten, solange dabei die empfohlenen Werte für eine sichere Tageszufuhr nicht überschritten werden. Obwohl die Schweißverluste von Kupfer beträchtlich sind, spricht nach dem aktuellen Stand der Kenntnisse nichts dafür, diese Elemente durch Einnahme von Sportgetränken *während* des Wettkampfs zu ersetzen. Generell kann gesagt werden, daß die Ersetzung von und/oder Supplementierung mit Spurenelementen zwar keine Leistungssteigerung bewirkt, aber zu einer angemessenen Versorgung des Sportlers mit diesen Substanzen beitragen kann [5, 37, 84]. In Anbetracht des allgemeinen Ziels der Sportler, sich optimal zu ernähren, und angesichts der möglichen Risiken, die eine Übersupplementierung und die invasiven, komplexen Verfahren zur Ermittlung des Mineralstatus mit sich bringen, wäre es wichtig, Sportler und deren Berater in praktischen Ernährungsfragen und im Hinblick auf sichere Nährstoff-tagesdosen auszubilden. Für Mikronährstoff enthaltende Spezialpräparate für Sportler sollten deshalb entsprechende Bestimmungen ausgearbeitet werden, um sicherzustellen, daß diese die offiziellen Empfehlungen für eine gesundheitlich unbedenkliche Tageszufuhr nicht überschreiten.

4.3 Vitamine

Vitamine sind Nährstoffe, die für den menschlichen Organismus unentbehrlich sind und praktisch an allen biologischen Funktionen mitwirken. Sie dienen in zahlreichen energieerzeugenden Reaktionen als Koenzyme, sind am Proteinstoffwechsel und der Zellsynthese beteiligt und wirken als Antioxidanzien.

Im folgenden sollen die wichtigsten Funktionen der einzelnen Vitamine, ihre Bedeutung für den Belastungsstoffwechsel und ihr Einfluß auf die Leistungskapazität kurz beschrieben werden.

4.3.1 Der Vitaminstatus

Es gibt verschiedene Methoden, um die Versorgung des Organismus mit Vitaminen zu überprüfen. Da die Vitamine an spezifischen Stoffwechselvorgängen beteiligt sind, wirken sich effektive Mangelzustände auf diese Prozesse aus und können zu Störungen oder Krankheiten führen.

Das Auftreten von Krankheitserscheinungen ist objektiv feststellbar. Solche Symptome sind jedoch in der Regel erst im letzten Stadium eines beeinträchtigten Vitaminstatus zu erkennen. Die Entwicklung analytischer Techniken hat das Studium biochemischer Mangelzustände ermöglicht. Das heißt: Es lassen sich marginale Defizite feststellen, welche die Stoffwechselwirkungen eines Vitamins beeinflussen, bevor die Zeichen einer Erkrankung klinisch manifest werden. Diese Messungen umfassen u. a. die Bestimmung der Plasmavitaminwerte mittels Hochdruckflüssigkeitschromatographie (HPLC) und enzymatischer Stimulationstests. Bestimmungen des Vitaminstatus nach solchen Methoden sind jedoch invasiv und kostenaufwendig. Um derartige Untersuchungen zu vermeiden, ist es wichtig, daß Sportler sich genügend Vitamine zuführen, um eine angemessene Versorgung sicherzustellen. Faktoren, die den Vitaminstatus beeinflussen, sind die Ernährung bzw. der Vitamingehalt der Nahrung, die Bioverfügbarkeit (Resorptionsfähigkeit) der Vitamine sowie die physiologisch bedingten Vitaminverluste. Der Einfluß der Belastung auf diese Faktoren soll im folgenden kurz beschrieben werden.

4.3.2 Einzelne Vitamine und der Einfluß der Belastung

Im folgenden sollen die einzelnen Vitamine und die in der Literatur berichteten Einflüsse der Belastung behandelt werden.

4.3.2.1 Vitamin B$_1$ (Thiamin)

Vitamin B$_1$ spielt eine wichtige Rolle für die oxidative Decarboxylierung von Pyruvat in das Acetyl-CoA, die einen entscheidenden Schritt bei der Energiegewinnung aus KH darstellt. Aus diesem Grunde ist der Bedarf an diesem Vitamin aufgrund der Gesamtenergiezufuhr und der Menge der eingenommenen KH definiert worden. Die RDA-Empfehlung lautet auf 0,5 mg/1000 kcal [131]. Man geht heute allgemein davon aus, daß der Bedarf an Vitamin B$_1$ bei Sportlern infolge des verstärkten Energie- und KH-Stoffwechsels leicht erhöht ist. Studien an unzureichend ernährten Personen zeigten, daß der KH-Stoffwechsel und die Produktion von Laktat infolge einer Beeinträchtigung der maximalen Sauerstoffaufnahme erhöht waren [10]. Über eine ungenügende Versorgung mit diesem Vitamin und biochemische Mangelzustände ist bei inaktiven Personen und Sportlern (insbesondere Radrennfahrern), die große Mengen von KH-Getränken mit hohem Gehalt an raffinierten KH konsumieren, berichtet worden [13, 28, 58, 84, 165]. Es sind heute keine kontrollierten Studien verfügbar, in denen die Auswirkungen einer Vitamin-B$_1$ Supplementierung auf die Leistungskapazität untersucht wurden.

4.3.2.2 Vitamin B$_2$ (Riboflavin)

Vitamin B$_2$ ist am Energiestoffwechsel der Mitochondrien beteiligt. Der National Research Council definiert den Bedarf an Vitamin B$_2$ in Relation zur Energiezufuhr. Der empfohlene Tageszufuhr beträgt 0,6 mg/1000 kcal, wobei jedoch darauf hingewiesen wird, daß keine Anhaltspunkte dafür bestehen, daß der Bedarf mit zunehmendem Energiestoffwechsel ansteigt [131].

Nur wenige Studien deuten darauf hin, daß der Bedarf an Vitamin B$_2$ bei körperlich aktiven Personen erhöht sein kann [28]. Es existieren keine Untersuchungen, aus denen hervorgeht, daß Sportler unzureichende Mengen dieses Vitamins zu sich nehmen. In Studien, in denen Schwimmer Vitamin-B$_2$-Supplemente erhielten, wurde keine leistungssteigernde Wirkungen beobachtet [13, 58].

4.3.2.3 Vitamin B$_6$ (Pyridoxin)

Vitamin B$_2$ spielt eine wichtige Rolle für die Proteinsynthese. Es wird daher oft angenommen, daß dieses Vitamin für Kraftsportler von entscheidender Bedeutung ist. Es sind jedoch keine stichhaltigen Daten verfügbar, die auf einen erhöhten Bedarf bei Sportlern hinweisen. Studien, in denen Supplements von Vitamin B$_6$ verabreicht wurden, ergaben denn auch keine Hinweise auf eine leistungssteigernde Wirkung. Eine Tageszufuhr in der Höhe von 0,016 mg/g Protein scheint bei Männern und Frauen eine ausreichende Versorgung sicherzustellen. Die RDA-Empfehlung beträgt 2,0 mg/ Tag für Männer und 1,6 mg/Tag für Frauen [131]. Neuere Daten deuten darauf hin, daß bestimmte Gruppen von Sportlern nicht ausreichend mit Vitamin B$_6$ versorgt sind [58]. In einigen Studien wurde über Leistungssteigerungen berichtet, nachdem Sportler mit Kombinationspräparaten supplementiert wurden, die auch Zwischenprodukte des Zitronensäurezyklus enthielten. Es ist jedoch wahrscheinlich, daß allfällige Wirkungen nicht auf Vitamin B$_6$, sondern auf die übrigen Komponenten des Präparats zurückzuführen waren [13].

4.3.2.4 Vitamin B$_{12}$ (Cyanocobalamin)

Vitamin B$_{12}$ dient als Koenzym im Nukleinsäurestoffwechsel und beeinflußt die Proteinsynthese. Es wird überraschend oft von Ausdauerradfahrern und Kraftsportlern eingenommen, da ihm nachgesagt wird, daß es, in sehr hohen Dosen verabreicht, Muskelschmerzen lindere. Williams [199] und van der Beek [11] untersuchten die einschlägige Literatur bis

1985 und kamen zum Schluß, daß keine Anhaltspunkte für
vorteilhafte Wirkungen einer entsprechenden Supplementierung vorlägen, eine Meinung, die in neueren Forschungsberichten auch von anderen Autoren vertreten wird. Weder die
orale noch die parenterale Verabreichung beeinflußten die
Leistungsparameter [86, 131]. Die RDA-Empfehlung lautet
auf 2,0 mg/Tag [131]. Über die Versorgung mit Vitamin B_{12}
bei Sportlern sind keine Daten verfügbar. Allfällige Mangelzustände können infolge beeinträchtigter Darmresorption
bedingt durch das Fehlen des gastrischen Faktors, oder
infolge des Verzichts auf den Konsum von Fleisch (die einzige Vitamin-B_{12}-Quelle) bei Vegetariern auftreten.

4.3.2.5 Niacin

Niacin wirkt als Koenzym im NAD (Nicotinadenindinucleo-
tid), das an der Glykose beteiligt ist und für die Gewebeat-
mung und die Fettsynthese benötigt wird. Die Aminosäure
Tryptophan kann in Niacin umgewandelt werden. 60 mg
Tryptophan reagieren gleich wie 1 mg Niacin und werden
deshalb als 1 NE (Niacinäquivalent) definiert. Verschiedene
Autoren haben die Vermutung geäußert, daß dieses Vitamin
die aerobe Leistungskapazität beeinflussen könnte, ein Faktor, der für sportliche Ausdauerleistungen von großer Bedeutung ist [199]. Es liegen jedoch Berichte vor, wonach die Einnahme in sehr hohen Dosen die Leistung nachteilig beeinflussen kann, ein Effekt der möglicherweise auf die Hemm-
wirkung der Nicotinsäure auf die Mobilisation von freien
Fettsäuren zurückzuführen ist. Unter Belastungsbedingungen führt dies zu einer vermehrten KH-Utilisation, die ihrerseits eine raschere Glykogenverarmung zur Folge hat. Es
wurde nachgewiesen, daß dieser Effekt das subjektive
Gefühl der Ermüdung verstärkt und die Leistung beeinträchtigt [13, 85]. Die RDA-Empfehlung lautet auf 6,6 NE pro
1000 kcal oder mindestens 13 NE bei einer Kalorienzufuhr
von < 2000 kcal [131]. Über die Niacinzufuhr bei Sport-

lern oder entsprechende Mangelzustände liegen keine Daten
vor.

4.3.2.6 Pantothensäure

PS ist ein Bestandteil des Acetyl-CoA, eines Zitronensäure-
zykluszwischenmetaboliten des KH- und Fettstoffwechsels.
Williams berichtete 1985, daß einige Studien auf vorteilhafte
Wirkungen einer entsprechenden Supplementierung hinwie-
sen, schlüssige Daten aber fehlten. Dies ist auch heute noch
so. Eine Supplementierung mit pharmakologischen Daten
bis 1g/Tag bewirkte keine Leistungssteigerung [13]. Der
National Research Council folgert, daß nicht genügend
Daten verfügbar seien, welche die Festlegung einer RDA für
Panthothensäure rechtfertigen. Die mutmaßliche sichere
Tageszufuhr liegt bei 4–7 mg [13]. Über die Zufuhr von Panthothensäure bei Sportlern oder entsprechende Mangelzustände liegen keine Daten vor.

4.3.2.7 Folsäure

Folsäure ist als Koenzym am Aminosäurenstoffwechsel und
der Nukleinsäuresynthese beteiligt. Die RDA-Empfehlung
für Folsäure beträgt ca. 3 µg/kg Körpergewicht, was einer
empfohlenen Tageszufuhr von 200 µg für Männer und 180 µg
für Frauen entspricht [131]. Es sind keine Studien verfügbar,
die sich mit der Wirkung von Folsäuresupplementen auf
die körperliche Leistung oder mit der Folsäurenzufuhr bei
Sportlern befassen [13]. Plasmafolsäurenwerte, die möglicherweise mit der Zufuhr von Folsäure im Zusammenhang
stehen, wurden an Tour-de-France-Teilnehmern beobachtet,
die relativ hochdosierte Vitaminpräparate zu sich nahmen
[164]. Williams [202] zitierte neuere Arbeiten, aus denen her-
vorging, daß Folsäurensupplemente den Status von entsprechend unterversorgten Sportlern normalisieren, die Leistungskapazität jedoch nicht erhöhen.

4.3.2.8 Biotin

Biotin ist ein wichtiger Bestandteil von Enzymen, die Carboxylgruppen transportieren und Kohlendioxyd in den Geweben binden. Die Umwandlung von Biotin zum aktiven Koenzym ist von der Verfügbarkeit von Magnesium und ATP abhängig. Biotin spielt eine wichtige Rolle im KH-, Fett-, Propionat- und BCAA-Stoffwechsel. Biotin wird im unteren Gastrointestinaltrakt von Mikroorganismen und Pilzen produziert. Das Ausmaß der Resorption in diesem unteren Teil des Darms ist jedoch nicht bekannt. Es sind nicht genügend Daten vorhanden, um eine RDA-Empfehlung für Biotin festzusetzen. Als sichere Tageszufuhr für Erwachsene wird provisorisch ein Dosisbereich von 30–100 µg/Tag empfohlen [131]. Über die Wirkung von Biotinsupplementen bei Sportlern oder deren Versorgung mit Biotin liegen keine Daten vor [13].

4.3.2.9 Vitamin C

Vitamin C ist wahrscheinlich das am besten untersuchte Vitamin. Es handelt sich dabei um ein wasserlösliches Antioxidans. Vitamin C schaltet die zellschädigenden freien Radikale aus und schützt das Vitamin E, ebenfalls ein Antioxidans, vor der Zerstörung. Vitamin C wirkt als Elektronenüberträger an zahlreichen Enzymreaktionen mit und ist an der Synthese von Kollagen und Carnitin beteiligt. Letzteres wird für den Transport langkettiger Fettsäuren durch die Mitochondrienmembran benötigt. Vitamin C fördert die Eisenresorption im Darm und wird außerdem für die Biosynthese einiger, Hormone benötigt [14, 68, 131]. Ältere, während des 2. Weltkriegs durchgeführte Studien ergaben, daß Vitamin-C-Mangel die körperliche Leistungsfähigkeit beeinträchtigt, das subjektive Gefühl der Ermüdung verstärkt und Muskelschmerzen verschlimmert. Manche dieser Studien sind jedoch in letzter Zeit wegen methodischer Schwächen, ungenügender Kontrolle und statistischer Mängel kritisiert worden. Neuere, gut kontrollierte Studien haben gezeigt, daß eine marginale Versorgung mit Vitamin C die Leistung in einmaligen intensiven Trainingsphasen nicht beeinträchtigt. Es gibt Anhaltspunkte dafür, daß Vitamin C die Geschwindigkeit der Wärmeakklimatisierung erhöhen kann [13]. Von dieser Eigenschaft könnten Sportler profitieren, die an Ausdauerwettkämpfen in heißem Klima in allen Teilen der Welt teilnahmen. Gut kontrollierte Studien ergaben, daß Vitamin-C-Supplemente die Leistungskapazität nicht erhöhen. Im allgemeinen ist die Versorgung der Sportler mit Vitamin C ausreichend; eine Ausnahme bilden lediglich Personen, die eine Reduktionsdiät befolgen [12, 13, 28, 58, 68].

4.3.2.10 Vitamin E (α-Tocopherol)

Vitamin E ist ein Antioxidans und eliminiert freie Radikale, um die Zellmembranen vor einer Lipidperoxidation zu schützen. Es entfaltet seine Wirkung gemeinsam mit Vitamin C, und Selen. Es schützt außerdem die roten Blutzellen vor der Hämolyse [14, 131, 171]. Zwischen 1970 und 1980 fand Vitamin E besondere Beachtung, nachdem Berichte über günstige Wirkungen von Supplementen auf die Sauerstoffutilisation und die Leistungskapazität veröffentlicht worden waren (Abb. 35). Wie beim Vitamin C handelte es sich dabei aber um ungenügend kontrollierte Studien mit zweifelhafter statistischer Methodik. Eine kritische Analyse der Literatur und neuere Resultate sorgfältig angelegter Doppelblindstudien förderten keine stichhaltigen Beweise für leistungssteigernde Wirkungen zutage [13, 14, 84, 171, 206].

In neuerer Zeit fanden v. a. die antioxidativen Eigenschaften des Vitamins Beachtung, nachdem die Untersuchung der durch freie Radikale bedingten Pathologie ermöglicht worden war. Daß Vitamin E die Lipidperoxidation bei Tier und Mensch herabsetzen kann, ist durch eine Analyse der Pentanausatmung objektiv nachweisbar. Freie Radikale werden

Abb. 35. Vitamin-E-Supplementation kann die Sauerstoffnahme im Muskel und die Leistungsfähigkeit in der Höhe verbessern (Foto ARPE)

v. a. bei hochintensiver Belastung – namentlich in Situationen mit relativem Sauerstoffdefizit – gebildet. Es wird daher angenommen, daß Vitamin E beim trainierenden Sportler eine entsprechende Schutzwirkung ausüben kann. In großer Höhe durchgeführte Studien zeigen, daß Vitamin E die metabolischen Leistungsparameter beeinflussen und die Pentanaustamung vermindern kann. Es ist jedoch nicht bekannt, welche Gewebe unter Belastungsbedingunen der Lipidperoxidation unterworfen sind. Die wichtigsten Lokalisationen sind möglicherweise Gewebe, in denen bei Belastung die Gefahr einer von Ischämie besteht, wie z. B. der Gastrointestinaltrakt oder die Nieren, nicht aber das Muskelgewebe. Während des Trainings auftretende Schädigungen der Muskelzellen sind zu einem wesentlichen Teil durch mechanische Streßeinwirkungen auf die Muskelfasern bedingt – insbesondere bei negativer (exzentrischer) Arbeit, wie z. B. Bergabwärtsgehen oder -laufen. Solche mechanischen Streßeffekte führen zu Mikrorupturen, gegen die sich der Sportler nicht mit Antioxidanzien schützen kann. So ist es

Abb. 36. Berglaufen führt zu mechanischen Schäden an Muskelfasern. Es wird hypothetisiert, daß durch Zuführen von antioxidierenden Vitaminen die Wiederherstellung dieser Schäden verbessert wird

denn auch nicht gelungen zu beweisen, daß Vitamin E das Auftreten solche Läsionen reduzieren kann. Weitere Forschungen sind notwendig, um die mutmaßlichen Wirkungen von Vitamin E auf Gewebeschädigungen, die Regeneration und den langfristigen Trainings- und Leistungsstand – insbesondere im Höhensport – zu validieren (Abb. 36) [6, 13, 14, 84].

4.3.2.11 Vitamin A, D und K

Obwohl die Bedeutung dieser fettlöslichen Vitamine für die Gesundheit außer Zweifel steht [131], sind keine Studien verfügbar, die Anhaltspunkte für entscheidende Wirkungen dieser Vitamine auf die für die körperliche Leistung relevanten biochemischen und physiologischen Parameter enthalten. Vitamin A und β-Karotin besitzen antioxidative Eigenschaften. Über die Wirkungen dieser Substanzen beim trainierenden Sportler sind jedoch nur wenige Daten verfügbar. Da diese Vitamine bei Einnahme in hohen Dosen über längere Zeiträume potentiell toxisch sind (ausgenommen Vitamin K) und die Tageszufuhr in westlichen Ländern ausreichend ist,

besteht keine Notwendigkeit für eine Supplementierung [13,
83, 84, 199]. Weitere Forschungen sind nötig, um die Wirkung von Vitamin A und β-Karotin auf die Lipidperoxidation
zu quantifizieren.

4.3.3 Vitaminzufuhr

Einige Aspekte der Einnahme einzelner Vitamine durch den
Athleten sind in den vorhergehenden Abschnitten behandelt
worden. In diesem Abschnitt sollen nun einige allgemeine
Einflüsse auf die tägliche Vitaminzufuhr besprochen werden.
Vitamine sind in einer breiten Vielfalt von frischen, unverarbeiteten Lebensmitteln, wie z. B. Gemüse- und Obstarten,
Getreidekörnern und anderen stärkehaltigen Produkten,
enthalten. Man darf deshalb davon ausgehen, daß eine normale, ausgewogene und abwechslungsreiche Ernährung den
Körper mit allen lebensnotwendigen Vitaminen in ausreichender Menge versorgt. In bestimmten Situationen kann
die Zufuhr aber entweder ungenügend sein oder – obwohl
sie gemessen an den RDA-Werten ausreichend ist – infolge
von Resorptionsstörungen nicht zur erwünschten Bioverfügbarkeit führen. Letzteres kann durch Magen-Darm-Störungen oder durch die Einnahme anderer, resorptionshemmender Substanzen bedingt sein.

Zu einer unzureichenden Versorgung mit Vitaminen
kommt es in der Regel, wenn geringe Nahrungsmengen konsumiert werden oder wenn die Ernährung unausgewogen
ist. Die erstgenannte Situation tritt häufig bei Sportlern auf,
die sich in Disziplinen mit Gewichtsklasseneinteilung betätigen und gewichtsreduzierende Trainingsprogramme durchführen, oder bei solchen, die langfristig ihr geringes Körpergewicht halten müssen, wie z. B. Tänzerinnen oder Turnerinnen (s. Tab. 1, Seite 7). Eine nahezu lineare Beziehung
zur Energieaufnahme wurde im Falle von Thiamin beobachtet [58].

4.3.3.1 Revitaminisierung und Vitaminsupplementierung

Wie in den Abschnitten über Mineralien und Spurenelemente
diskutiert wurde, besteht bei Personen, die über längere Zeiträume < 2000 kcal/Tag zu sich nehmen, die Gefahr einer marginalen Mikronährstoffversorgung. Eine ungenügende Versorgung mit Vitaminen kann auch auftreten, wenn die tägliche
Diät zum überwiegenden Teil aus raffinierten Nahrungsmitteln besteht. Dieser Fall wurde bei Ausdauersportlern beobachtet, die relativ große Mengen raffinierter KH in gelöster
Form während des Wettkampfs einnehmen [23, 58, 165]. Die
Ursache dieses Sachverhalts wurde im Abschnitt über KH diskutiert. In beiden Situationen liegt die erforderliche Nährstoffdichte (d.h. die Menge der Vitamine, die in 1000 kcal lie-
fernder Nahrung enthalten sind) höher als der Wert, der mit
der Diät erreicht werden kann. In diesen Situationen kann es
für die Sportler empfehlenswert sein, niedrigdosierte Vitaminsupplemente (nicht mehr als 1- bis 2mal RDA/Tag) einzunehmen, um die Mikronährstoffdichte zu erhöhen.

Industriell verarbeiteten Nahrungsmitteln/Mahlzeiten
werden oft zusätzliche Vitamine beigefügt, um die durch die
Verarbeitung entstandenen Vitaminverluste auszugleichen
(Revitaminisierung) oder um den Vitamingehalt über den
Normalwert hinaus zu erhöhen (Vitaminanreicherung). Die
Vitaminisierung von Nahrungsmitteln/Mahlzeiten, welche
die Normalkost während Ausdauerwettkämpfen, wie z.B.
Triathlon, mehrtägigen Wettkämpfen und Hochalpinismus,
ersetzen, ist vertretbar; die Vitaminzufuhr sollte dabei aber
die Werte der normalen Nährstoffdichte und der RDA-Emp-
fehlungen nicht überschreiten.

Ganz allgemein ist festzuhalten, daß durch die Revitaminisierung von industriell verarbeiteten Nahrungsmitteln mit
hoher Energiedichte oder die Supplementierung mit Vitaminpräparaten keine Leistungssteigerung erzielt wird [13,
195], doch können diese Maßnahmen zu einer ausreichenden
Nährstoffversorgung der Sportler beitragen.

Abb. 37. „Snack food" ist meist raffiniert. Unglücklicherweise machen viele Athleten die Konsumation von „snack food" zu ihrem täglichen Vergnügen

In Anbetracht des allgemeinen Ziels der Sportler, sich optimal zu ernähren, und angesichts der Risiken, die eine Übersupplementierung und die invasiven, komplexen Verfahren zur Ermittlung des Vitaminstatus mit sich bringen, wäre es wichtig, Sportler und deren Berater in praktischen Ernährungsfragen und im Hinblick auf sichere Vitamintagesdosen zu instruieren. Für vitaminisierte Nahrungsmittel und Präparate für Sportler sollten deshalb entsprechende Bestimmungen ausgearbeitet werden. Die tägliche Einnahme von *niedrigdosierten* Vitamin- oder Nährstoffpräparaten, welche die empfohlenen sicheren Tagesdosen nicht überschreiten (Tabelle 7), als Zusatz zur Normalkost kann während intensiven Trainingsperioden oder in allen Situationen wünschbar sein, in denen Sportler keine Normalkost zu sich nehmen, z. B. in Perioden mit beschränkter Nahrungsaufnahme und gleichzeitigem Intensivtraining (besonders bei Frauen, vegetarisch lebenden Sportlern oder solchen, die sich in Disziplinen mit Gewichtsklasseneinteilung betätigen, Tabelle 1).

Von einer Anwendung vom Megadosen ist wegen unerwünschter Nebenerscheinungen [3] und wegen möglicher ungünstiger Wechselwirkung mit anderen Nährstoffen [109] abzuraten. Weitere Forschungen sind nötig, um die Wirkungen von antioxidativen Vitaminen in höheren Dosen auf die Gesundheit und die Erholungsprozesse von Sportlern zu klären.

Die Anwendung von Vitaminen in Megadosen bei Sportlern wird oft mit der Begründung vertreten, daß beträchtliche Vitaminmengen mit dem Schweiß und dem Urin ausgeschieden würden, doch entbehrt diese Argumentation einer wissenschaftlichen Grundlage. Die Schweißverluste bei den Vitaminen sind in der Regel vernachlässigt [13, 28, 84].

Tabelle 7. Empfohlene Tageszufuhr für Vitamine. Daten gemäß Empfehlungen der NRC und DGE. *NRC* National Research Council, Recommended Dietary Allowances 1989 (USA); *DGE* Deutsche Gesellschaft für Ernährung, Empfehlungen für die Nährstoffzufuhr 1991

	Alter: Männer			Alter: Frauen		
NRC	15–18	19–24	25–50	15–18	19–24	25–50
DGE	15–18	19–25	25–51	15–18	19–25	25–51
Vitamin						
Vit. B_1 (mg)	1,5/1,6	1,5/1,4	1,5/1,3	1,1/1,3	1,1/1,2	1,1/1,1
Vit. B_1 (mg)	1,7/1,8	1,7/1,7	1,7/1,7	1,3/1,7	1,3/1,5	1,3/1,5
Niacin (mg)	20/20	19/18	19/18	15/16	15/15	15/15
Vit. B_6 (mg)	2,0/2,1	2,0/1,8	2,0/1,8	1,5/1,8	1,6/1,8	1,6/1,6
Folsäure (µg)	200/300	200/300	200/300	180/150	180/150	180/150
Vit. B_{12} (µg)	2/3	2/3	2/3	2/3	2/3	2/3
Vit. C (mg)	60/75	60/75	60/75	60/75	60/75	60/75
Vit. A (µg), RE	1000/1100	1000/1100	1000/1100	800/900	800/800	800/800
Vit. D (µg)	10/5	10/5	5/5	10/5	10/5	5/5
Vit. E (mg), TE	10/12	10/12	10/12	8/12	8/12	8/12
Vit. K (µg)	65/80	70/70	80/80	55/60	60/60	65/65
Pantothensäure	[e]/8	[e]/8	[e]/8	[e]/8	[e]/8	[e]/8

[e] Keine Empfehlung gegeben.

5 Nährstoffe als Mittel zur Leistungssteigerung

Von verschiedenen Nährstoffen ist theoretisch postuliert worden, daß sie eine wirksame, sichere und legale Alternative zu illegalen, pharmakologisch wirkenden Substanzen böten. In den folgenden Abschnitten sollen einige dieser potentiellen Alternativen zu pharmazeutischen Substanzen sowie andere auf dem Markt befindliche Nährstoffsupplemente für Sportler erörtert werden.

5.1 Einzelne Aminosäuren

In letzter Zeit sind verschiedene Aminosäurensupplemente zur Steigerung der Leistungskapazität vorgeschlagen worden.

Die meisten Aminosäurensupplemente sind zwar für Kraftsportler und Bodybuilders bestimmt, doch wurden einige dieser Produkte auch für Ausdauersportler entwickelt. Obwohl die leistungssteigernde Wirkung solcher Supplemente immer häufiger erforscht wird, liegen bis heute nur begrenzte Daten vor. Die folgenden Erörterungen basieren auf mehreren früheren Forschungsberichten [33, 94, 201, 202] sowie auf einigen neueren Arbeiten, die – wegen des erst kürzlich erwachten Forschungsinteresses – nur als Abstracts veröffentlicht wurden.

5.1.1 Arginin und Ornithin

Die Einnahme der Aminosäuren Arginin und Ornithin kann die Freisetzung des menschlichen Wachstumshormons stimulieren. Dieses Hormon fördert auch die Entwicklung der Muskulatur. Die Wirkung von Supplementen von Arginin und/oder Ornithin auf die Körperzusammensetzung und/oder auf die Muskelkraft wurde in 5 Studien untersucht. In 3 dieser Studien wurden eine signifikante Zunahme der fettfreien Körpermasse – was auf eine Zunahme der Muskelmasse und/oder eine Abnahme der Fettmasse deutet – beobachtet, doch kritisierte Williams [202] die Methodik des Versuchs. Eine Neuberechnung der Daten unter Verwendung geeigneter statistischer Verfahren ergab keine signifikanten Unterschiede zwischen dem Supplement und Placebo. Die beiden anderen – methodisch korrekten – Studien sind bis heute nur als Abstracts erschienen. In diesen wurde bei erfahrenen Gewichthebern keine signifikante Wirkung von Arginin oder einer Mischung verschiedener Aminosäuren hinsichtlich Kraft, Leistung oder Wachstumshormonwerten festgestellt [81, 192]. Zur Zeit gibt es keine stichhaltigen Forschungsdaten, welche die angebliche leistungssteigernde Wirkung von Arginin und Ornithin bestätigen, was darauf zurückzuführen sein dürfte, daß die Aminosäuren generell nicht in der Lage sind, die Wachstumshormonwerte über die normalen physiologischen Grenzen hinaus zu erhöhen. Die hohen Dosen, die dabei erforderlich sind, können Magenbeschwerden hervorrufen [33]. Weitere Forschungen sind erforderlich, um den hypothetischen Nutzen einer Supplementierung mit diesen beiden Aminosäuren zu evaluieren.

5.1.2 Tryptophan und verzweigtkettige Aminosäuren (BCAA)

Tryptophan kann ebenfalls das Wachstumshormon erhöhen, doch beruht sein theoretischer leistungssteigernder Effekt auf einem anderen Mechanismus, nämlich auf der Synthese von 5-Hydroxytryptamin und Serotonin im Gehirn. Laut Segura u. Ventura [170] könnte die leistungssteigernde Wirkung dieser Neurotransmitter dadurch bedingt sein, daß sie die Schmerztoleranzgrenze während intensiver Belastung hinaufsetzen. Ihre Hypothese wird unterstützt durch den Befund, daß 1200 mg Tryptophan, innerhalb von 24 h in Dosen zu 300 mg eingenommen, beim Laufen auf einem Rollband bis zur Erschöpfung mit einer Belastungsintensität von 80 % VO$_2$max die Dauer bis zur Erschöpfung verlängerte und die Scores für die subjektiv wahrgenommene Anstrengung (RPE-Skala) reduzierte. Weitere Forschungen sind nötig, um diesen Befund zu bestätigen.

Dagegen äußerte Newsholme [140] die Vermutung, daß Serotonin aufgrund seiner dämpfenden, anti-depressiven Aktivität an der Ätiologie der Ermüdung beteiligt sein könnte, eine Vermutung, die das Gegenteil von der obenerwähnten Hypothese von Segura bedeutet. Somit würde der Eintritt von Tryptophan ins Gehirn zur Entstehung der Müdigkeit beitragen. Gestützt auf Tierversuche, die darauf hindeuten, daß niedrige Blutkonzentrationen von verzweigtkettigen Aminosäuren (BCAA) den Eintritt von Tryptophan ins Gehirn begünstigen (Abb. 38), vermutet Newsholme, daß ein Abfall der Serum-BCAA-Werte in der letzten Phase von Ausdaueraktivitäten bei der Entstehung der Ermüdung beteiligt sein könnte. Theoretisch könnten BCAA-Supplemente den Zeitpunkt der Erschöpfung hinauszögern, indem sie die Blut-BCAA-Werte erhöhen und dadurch die Aufnahme von Tryptophan im Gehirn herabsetzen. Leider sind nur wenige Daten verfügbar, die diese Hypothese unterstützen. So wurde z. B. in einigen Arbeiten keine Veränderung

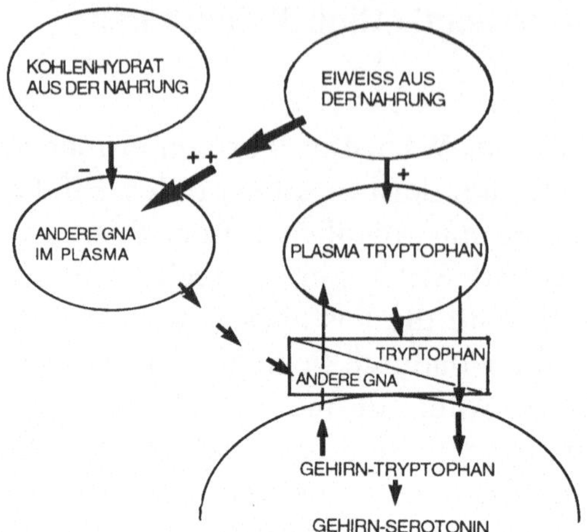

Abb. 38. Der Eintritt der Aminosäure Tryptophan, einer Vorstufe von Serotonin im Gehirn, ist abhängig vom Verhältnis Tryptophan/andere große neutrale Aminosäuren (Leucin, Valin, Isoleucin) im Blut. Kohlenhydratzugabe senkt durch verstärkte Insulinsekretion das LVI-Niveau im Blut. Dies erhöht den Tryptophaneintritt ins Gehirn. Proteineinnahme erhöht die Plasma-LVI-Konzentration stärker als die Plasmatryptophankonzentration. Dies führt zu einer Reduzierung der Tryptophanaufnahme. Ein hoher Serotoninspiegel führt als Reaktion zu verminderter Kohlenhydrataufnahme. Ein tiefer Serotoninspiegel kann zu Kohlenhydratschlemmen führen. (Mit freundl. Genehmigung: Wurtman RJ, 1982, Nutrients that modify brain function. *Sci Am* 246: 46)

des Verhältnisses Tryptophan: BCAA nach Beendigung eines 42,4-km-Marathonlaufes gefunden. In einem Versuch zur direkten Überprüfung dieser Hypothese ließen Vandewalle et al. [184] Versuchspersonen mit depletiertem Muskelglykogen auf einem Fahrradergometer mit einer Belastungsintensität von 75 % VO$_2$max bis zur Erschöpfung treten, wobei sie jedoch keine vorteilhaften Wirkungen von BCAA-Supplementen beobachteten. Dies war auch im Versuch von Galliano et al. [67] der Fall, die ihren Versuchspersonen während langdauernder Aktivität bis zur Erschöpfung bei einer Belastungsintensität von 70 % VO$_2$max BCAA-Supplemente verabreichten. Kreider et al. [99, 122] supplementierten unter

118

Laborbedingungen 5 Triathlonsportler 14 Tage vor sowie
während eines halben Ironman-Triathlons (2 km Schwim-
men, 90 km Radfahren, 21 km Laufen) mit BCAA. Zwar
wurden keine signifikanten Unterschiede zwischen BCAA-
und Placebobedingungen beobachtet, doch äußern die Autoren die Vermutung, daß die Laufleistung im letzten Abschnitt
des Triathlons durch die BCAA-Supplementierung verbessert wurde. Da BCAA nur ein Teil des Wirkstoffkomplexes
waren, die den Athleten verabreicht wurden, läßt sich auch
diese Folgerung schwer validieren. Weitere Forschungen mit
langdauernden Ausdaueraktivitäten werden notwendig sein,
um die Validität von Newsholmes Hypothese und des theore-
tischen Nutzens einer BCAA-Supplementierung während
des Trainings zu überprüfen.

5.2 Aspartate

Es ist postuliert worden, daß die Kalium- und Magnesium-
salze von Aspartat, einer nichtessentiellen Aminosäure, aufgrund verschiedener Mechanismen die Leistungskapazität
steigern. Nach der am häufigsten vertretenen Hypothese vermindern Aspartate die Akkumulation von Ammoniak während körperlicher Belastung. Ein Zusammenhang zwischen
erhöhten Serumammoniakwerten und Muskelermüdung bzw.
zentraler Müdigkeit wurde in mehreren Studien nachgewiesen [8, 29, 189].

Die verfügbaren Forschungsdaten über die stimulierende
Wirkung von Aspartaten sind zweideutig. In einigen Studien
wurde keine derartige Wirkung beobachtet. In einer sorgfältig angelegten Studie verabreichten z. B. Maughan u. Sadler
[116] 8 Probanden 24 h vor Belastung mit einem Fahrradergometer bis zur Erschöpfung Placebo oder 3 g Kalium- bzw.
Magnesiumaspartat; eine vorteilhafte Wirkung wurde dabei
nicht beobachtet. Umgekehrt wurde in ebensovielen älteren
und neuesten Studien über eine leistungssteigernde Wirkung

berichtet, die zum Teil über 20 % Leistungszuwachs bei aerober Ausdaueraktivität betrug. Ein Beispiel dafür ist die methodisch ebenfalls sorgfältige Studie von Wesson et al. [197], in der die Probanden innerhalb von 24 h vor dem Training bis zur Erschöpfung bei einer Belastungsintensität von 75 % VO_2max Placebo oder 10 g Aspartate erhielten; die Autoren berichten über eine signifikante Senkung der Serumammoniakwerte und eine 15 %ige Zunahme der Ausdauerleistungskapazität. Es liegt auf der Hand, daß weitere Untersuchungen – insbesondere mit Dosen gegen 10 g oder mehr – erforderlich sind, da mit solch hohen Dosierungen oft leistungssteigernde Wirkungen erzielt worden sind. Es sind in diesem Dosisbereich keine toxischen Effekte beobachtet worden.

5.3 L-Carnitin

Carnitin ist eine vitaminähnliche Verbindung, die v. a. den Transport langkettiger Fettsäuren in die Mitochondrien zum Zwecke der Energieproduktion ermöglicht (Abb. 39). Es ist oftmals die Vermutung geäußert worden, daß eine erhöhte Verfügbarkeit von Carnitin zu einer vermehrten Verwendung von Fett als Substrat für die Energieproduktion führen könnte und daß dadurch die Muskelglykogenreserven während der Belastung geschont werden könnten. Dies würde auch bedeuten, daß der Zeitpunkt der Erschöpfung hinausgezögert würde. Die verfügbaren Daten unterstützen diesen Standpunkt allerdings nicht.

Daten aus älteren Studien sind infolge mangelhafter Versuchsanordnungen oder ungeeigneter Dosierung inkonsistent. In verschiedenen Studien der Forschergruppe von Otto [146, 175] wurde keine Wirkung einer täglichen Zufuhr von 500 mg Carnitin während 4 Monaten auf die Utilisation freier Fettsäuren, VO_2max, anaerobe Schwelle, Trainingszeit bis zur Erschöpfung oder die Arbeitsleistung auf dem Fahr-

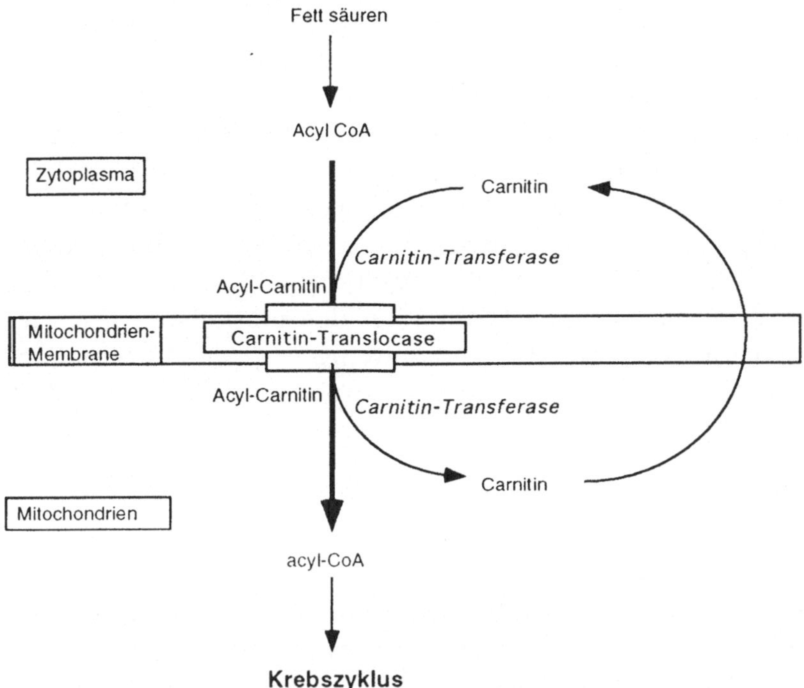

Abb.39. Carnitin wird für den Transport lankettiger Fettsäuren durch die Mitochondrienmembran benötigt. Aktivierte Fettsäuren werden mittels des Enzyms Carnitintransferase an Carnitin gebunden, wobei Acylcarnitin entsteht. Diese Verbindung passiert die Membran, worauf der Prozeß umgekehrt wird und Carnitin in das Zytoplasma zurücktransportiert wird. Die Fettsäure tritt in den Krebs-Zyklus ein und wird oxidiert.

radergometer während 60 min gefunden. Bucci [34] kritisierte diese Arbeiten aufgrund der niedrigen Dosierung, die verwendet wurde. Aber auch in 3 neueren Studien, in denen Dosen bis zu 2 g zur Anwendung gelangten, wurden keine Wirkungen der Carnitinsupplemente auf die Energiestoffutilisation bei 50 % VO_2max, maximale Herzfrequenz, anaerobe Schwelle, VO_2max oder die Trainingszeit bis zur Erschöpfung beobachtet [73, 147, 208]. Erst vor kurzem überprüfte Wagenmakers [190] die möglichen Wirkungen von Carnitin und kam zur eindeutigen Schlußfolgerung, daß orales L-Carnitin die Ausdauerleistungskapazität und der Fettutilisation nicht beeinflußt. D, L-Carnitin ist nachweisbar schädlich und sollte nicht eingenommen werden. L-Carnitin, das vom menschlichen Organismus produziert wird, ist relativ harmlos, wenn es oral eingenommen wird. Orale Supplemente bewirken jedoch bei gesunden Personen keine erhöhte Aufnahme von L-Carnitin im Muskel und haben deshalb auch keinen Einfluß auf den muskulären Energie-Fettstoffwechsel [190]; ebensowenig wird die Carnitinkonzentration im Muskel durch Körperbelastung vermindert [50, 95].

5.4 CoQ 10

CoQ 10 ist eine fettlösliche Substanz, das in den Mitochondrien, insbesondere im Herzen, vorkommt. CoQ 10 ist aufgrund seiner Bedeutung für den Sauerstoffwechsel und als Antioxidans zur Behandlung von Herz-Kreislauf-Erkrankungen angewandt worden. Da CoQ 10 die Sauerstoffaufnahme und die Leistungskapazität nachweislich erhöht, wurde vermutet, daß es auch für Ausdauersportler vorteilhaft sein könnte. Leider sind dazu nur wenige Daten verfügbar. Verschiedene neuere Studien zeigen zwar, daß CoQ 10-Supplemente im Vergleich zu Placebo die Serum-CoQ 10-Werte signifikant erhöhen können, doch wurden in bezug auf die Serumglukose und Serumlaktatwerte bei submaximaler oder maximaler Belastung sowie hinsichtlich der Herzfunktionen (z. B. Herzfrequenz), VO_2max oder Ausdauerleistung keine signifikanten Verbesserungen beobachtet [21, 159, 210]. Weitere Forschungen über CoQ 10 wären zu begrüßen. Demopoulos et al. [51] weisen allerdings darauf hin, daß die Anwendung von CoQ 10 effektiv gefährlich sein könnte, da diese Substanz freie Radikale erzeugt, welche die Zellen schädigen können.

5.5 Inosin

Inosin ist ein Nucleosid. Verschiedene Stoffwechselfunktionen von Inosin, wie z. B. die Förderung der Synthese von ATP (energiereichen Phosphaten), sowie seine Bedeutung für die Spaltung des Muskelglykogens, die Durchblutung und die Sauerstoffversorgung sind auf die sportliche Leistung extrapoliert worden in der Meinung, daß sowohl Kraftsportler als auch Ausdauersportler von einer entsprechenden Supplementierung profitieren könnten. Inosin ist sowohl rein als auch in Verbindung mit anderen Kofaktoren, wie z. B. CoQ 10, verfügbar. Nur in einer einzigen Studie wurde seine Wirkung auf Parameter der Ausdauerleistung untersucht. Williams et al. [200], die ein empfohlenes Supplementierungsprotokoll (6 g Inosin während 2 Tagen) anwandten, beobachteten keine signifikanten Wirkungen auf die Stoffwechselparameter und die Leistungskapazität. Weitere Forschungen sind offensichtlich nötig, um die mutmaßlichen Vorteile dieser Substanz zu evaluieren.

5.6 Bienenpollen

Die chemische Analyse von Bienenpollen ergibt, daß es sich dabei um eine Mischung von Vitaminen, Mineralien, Aminosäuren und anderen Nährstoffen handelt. Obwohl Bienenpollen keine spezifischen physiologischen Wirkungen hervorzurufen scheinen, kann aufgrund der Rolle, welche die Vitamine und Mineralien für den Belastungsstoffwechsel spielen, bei Defiziten theoretisch ein leistungssteigender Effekt erwartet werden. Um die mutmaßlichen Vorteile zu überprüfen, wurde eine Studie an hochtrainierten Läufern mit wiederholter maximaler Belastung bis zur Erschöpfung am Fahrradergometer und fixierten Erholungsphasen durchgeführt, wobei keine signifikante Wirkung auf die Geschwindigkeit der Erholung beobachtet wurde [205]. Weitere gut kontrol-

lierte Studien erbrachten keine Wirkung von Bienenpollen-
supplementen auf VO_2max, auf andere physiologische Reaktionen auf die Belastung und die Ausdauerleistungskapazität
[36, 179]. Bestimmte Personen können auf Bienenpollen all-
ergisch reagieren und einen anaphylaktischen Schock erlei-
den (Abb. 40, [54]).

5.7 Phosphatsalze

Phosphor ist ein lebenswichtiger Nährstoff, der seine Funktionen im Organismus in Form verschiedener Phosphatsalze
versieht. Phosphor ist ein Kofaktor oder Bestandteil verschiedener B-Vitamine, von ATP und Kreatinphosphat, 2,3-
DPG (2,3-Diphosphoglycerat) sowie eines intrazellulären
Pufferungssystems. Aufgrund dieser Stoffwechselfunktionen
wurde die Hypothese aufgestellt, daß Phosphatsupplemente
leistungssteigernde Wirkungen hervorrufen können, und
entsprechende Forschungen sind denn auch schon seit über
60 Jahren durchgeführt worden. Ältere Studien gelangten
zum Schluß, daß eine Supplementierung mit Phosphatsalzen
die Leistung bei verschiedenen Arten der Körperbelastung
wirksam steigere. Obwohl Boje [20] diese Studien wegen
methodischer Mängel kritisierte, kam er zum Schluß, daß
Phosphate die körperliche Leistungsfähigkeit wahrscheinlich
verbessern, wenn sie in ähnlichen Mengen eingenommen
werden, wie sie in der Regel in der Normalkost enthalten
sind. Die meisten neueren Forschungen haben sich auf die
günstige Wirkung der Phosphate auf die Sauerstoffaufnahme
und die Ausdauerleistungsfähigkeit konzentriert. Obwohl
eine Reihe neuerer Untersuchungen das vor über 50 Jahren
ausgesprochene Urteil von Boje bekräftigen, sind die verfügbaren Daten immer noch zwiespältig [100, 202].
Williams [202] zitiert 4 Studien mit sorgfältiger Methodik
und angemessener Dosierung, in denen Phosphatsupplemente in einem Radrennen über 8 km keine günstige Wir-

kung auf Leistungsparameter wie Herz-Kreislauf-Funktion und Sauerstoffeffizienz bei 60 % VO$_2$max, Milchsäureproduktion, VO$_2$max oder auf die Leistungskapazität zeigten. Dagegen ergaben 4 andere sorgfältige Studien signifikante Zunahmen der VO$_2$max um bis 10 %, Abnahmen der Milchsäurebildung bei submaximaler Belastung, Steigerungen der Myokardleistung, Zunahmen der Lauf- und Fahrzeit und kürzere Zeiten für die Vollendung eines Radrennens über 40 km unter Laborbedingungen. Die in diesen Studien angewandte Dosicrung betrug rund 4 g Natriumphosphat/Tag (in der Regel auf 4 Gaben zu 1 g verteilt) während 3–6 Tagen. Weitere Forschungen sind erforderlich, um diese potentiellen leistungssteigernden Wirkungen zu bestätigen.

5.8 Natriumbikarbonat

Natriumbikarbonat ist ein Alkalisalz, das im Organismus natürlich vorkommt. Seine Hauptfunktion ist die Regulierung des Säure-Basen-Gleichgewichts. Seine mutmaßliche Rolle als leistungssteigernde Substanz ist die Pufferung der während hochintensiver Belastung erzeugten Milchsäure, wodurch der Zeitpunkt der Erschöpfung möglicherweise hinausgezögert werden kann. Forschungen über die leistungssteigernde Wirkung von Natriumbikarbonat werden bereits seit 50 Jahren durchgeführt. Seine Wirksamkeit ist nach wie vor umstritten.

In den meisten Studien wurde eine Dosis von 0,15–0,40 g (in der Regel 0,30 g) 1–3 h vor Beginn einer maximal intensiven Belastungsübung von kurzer Dauer verabreicht wobei hauptsächlich Muskelglykogen als Energiequelle diente, was zur Bildung von Milchsäure führte, die bekanntlich Müdigkeit hervorruft. Diese Tests, die in der Regel bis zur Erschöpfung durchgeführt wurden, bestanden in einzelnen Belastungsübungen und wiederholten Schnellaufphasen, die von kurzen Erholungspausen unterbrochen wurden.

Von allen publizierten, methodisch einwandfreien Studien ergaben etwa 50 % eine günstige Wirkung auf die effektive körperliche Leistung und die subjektive wahrgenommene Ermüdung, und ein ähnliches Verhältnis wurde auch bei den unpublizierten Abstracts festgestellt. Über die Wirksamkeit von Natriumbikarbonat sind mehrere große Forschungsberichte veröffentlicht worden [70, 85, 117]. Aufgrund des letztgenannten, umfangreichen Forschungsberichts wurde die Hypothese aufgestellt, daß Natriumbikarbonatsupplemente in angemessener Dosierung weder bei hochintensiver Belastung während 30 s oder kürzer noch bei Ausdauerbelastungen, die vorwiegend vom Sauerstoffmetabolismus abhängig sind, eine günstige Wirkung zeitigen, während sie bei kontinuierlicher Belastung von ca. 1–7,5 min Dauer oder bei wiederholten intensiven Belastungsphasen mit kurzen Erholungspausen die Leistung steigern.

In verschiedenen Studien wurde über gastrointestinale Beschwerden – z. B. Durchfälle – nach der Einnahme von Natriumbikarbonat berichtet. Außerdem sind einige Fallgeschichten von Schädigungen der Magenwand bekanntgeworden.

Bei der Anwendung von Natriumzitrat, das den selben Effekt auf die Pufferkapazität hat wie Natriumbikarbonat, in Dosierungen bis zu 0,5 g/kg Körpergewicht wurden keine Magen-Darm-Beschwerden beobachtet [120].

6 Kurzer Abriß des Stoffwechsels

6.1 Glykogen

Glykogen ist ein Glukosepolymer. Es handelt sich dabei um eine Speicherform der Glukose, die in der menschlichen Muskulatur und der Leber vorkommt und die der in pflanzlichen Stärken gespeicherten Glukose ähnelt. Glykogen wird im Zytoplasma durch verschiedene Enzyme produziert oder gespalten. Bei der Synthese wird Glukose zu Glukose-1-phosphat phosphoryliert. Glukose-1-phosphat wird zu UDP-Glukose umgewandelt, die unter dem Einfluß des Enzyms Glykogensynthetase zu Glykogen umgebaut wird. Wenn nicht genügend Glukose vorhanden ist, wird Glykogen durch

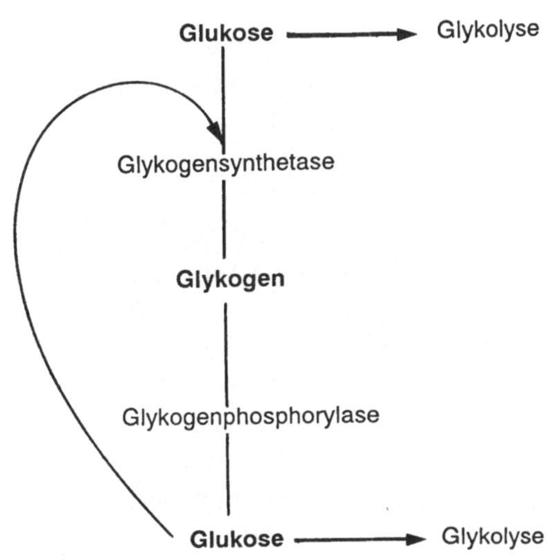

die Wirkung des Enzyms Glykogenphosphorylase gespalten.
Glykogen wird hauptsächlich dann synthetisiert, wenn mehr
Glukose in den Zellen vorhanden ist, als für die Energieproduktion benötigt wird. Der Glykogenstoffwechsel in der
Leber reguliert den Blutglukosespiegel. Nach den Mahlzeiten werden Glukose und Fruktose durch die Leber aufgenommen, was zur Speicherung des Leberglykogens führt.
Über Nacht oder während des Fastens wird Leberglykogen
abgebaut, um normale Blutglukosekonzentrationen aufrechtzuerhalten. Muskelglykogen dient v. a. als rasche Energiequelle, die in Situationen plötzlicher intensiver Muskelarbeit verfügbar ist.

6.2 Glykogenstoffwechsel

Die Synthese bzw. der Abbau von Glykogen in Leber und
Muskel wird durch eine Vielzahl von Faktoren reguliert. Die

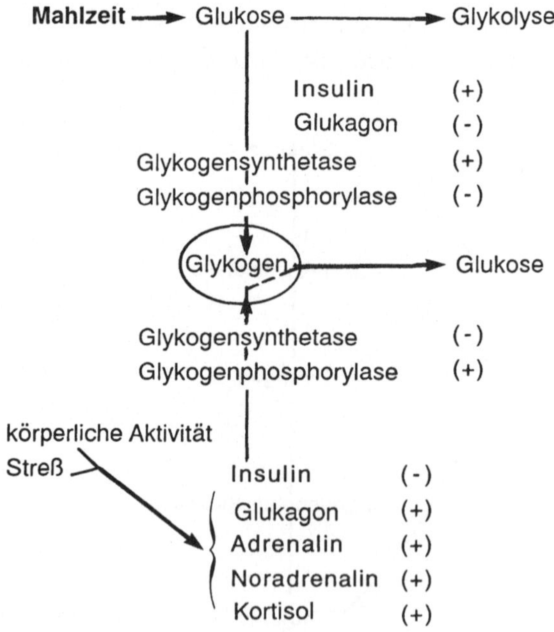

Synthese findet normalerweise statt, wenn der Vorrat an „Glukosebausteinen" den Glukosebedarf für die Energieerzeugung übersteigt, d. h. wenn die Glukosereserven in der Zelle erhöht sind. Diese Situation tritt nach den Mahlzeiten ein, wenn im Verlauf eines körperlichen Entspannungszustandes die Verdauung und Resorption von Kohlenhydraten eine Erhöhung der Blutglukosewerte bewirken, und zwar in einer hormonellen Umgebung, welche die Synthese begünstigt: Insulin ist erhöht, Glukagon und Streßhormone sind erniedrigt. In dieser Situation nehmen die Zellen Glukose auf; das Enzym Glykogensynthetase wird aktiviert (+), während die Glykogenphosphorylase gehemmt wird (–).

6.3 Glukosestoffwechsel

Bei ihrer Verwendung im Energiestoffwechsel tritt die Glukose in die glykolytische Stoffwechselbahn ein, in welcher sie in mehreren Schritten zu Pyruvat umgewandelt wird. Je nach

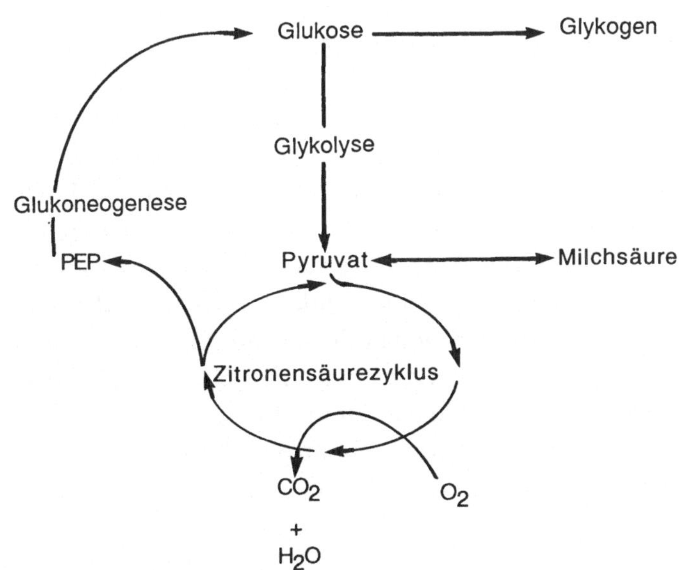

der Höhe des Energiebedarfs wird Pyruvat entweder weitgehend in Milchsäure umgewandelt – im Falle intensiver Stimulation der Glykolyse, z. B. bei supramaximalen Sportaktivitäten (von 0,5–3 min Dauer) – oder wird in den oxidativen Energiestoffwechsel, den Zitronensäure-/Krebs-Zyklus aufgenommen, was v. a. bei Ausdaueraktivitäten der Fall ist. Die Stoffwechselbahn Glukose → Milchsäure ist reversibel. Dies bedeutet, daß hohe Blutmilchsäurekonzentrationen nach intensiver sportlicher Betätigung durch Umwandlung des Laktats über eine andere Stoffwechselbahn, die Glukoneogenese, gesenkt werden können; es handelt sich dabei um eine teilweise Umkehrung der Glykolyse zurück zur Glukose, die erneut als Glykogen gespeichert werden kann. Laktat kann auch oxidiert oder zu Fett umgewandelt werden. Bei der Umwandlung von Glukose zu Laktat werden 2 Mol ATP pro Mol Glukose produziert. Während der vollständigen Oxidation der Glukose innerhalb des Zitronensäurezyklus wird Pyruvat zu Wasser und Kohlendioxid umgewandelt, und es entstehen dabei insgesamt 36 Mol ATP.

6.3.1 Fettgewebe/Triglyzeride

Fettsäuren werden im Organismus als Triglyzeride in den Fettzellen, die zusammen das Fettgewebe bilden, gespeichert. Fett wird außerdem als Triglyzerid – in Form von kleinen, intramuskulären Tröpfchen – im Muskelgewebe gespeichert. Nach den Mahlzeiten wird das Fett resorbiert und geht sodann in Form zirkulierender Lipidpartikel (HDL, VLDL, LDL, Chylomikronen) oder als an Albumin gebundene freie Fettsäuren, die „veresterte Fettsäuren" (NEFA) genannt werden, in den Blutkreislauf über. Analog dem Glykogen ist die Synthese bzw. der Abbau des Fettes von der Konzentration der vorhandenen „Bausteine", den Fettsäuren, abhängig. Letztere wird hauptsächlich von der Aufnahme bzw. Freisetzung von Fettsäuren in den Triglyzeriden und deren

Utilisation im Energiestoffwechsel bestimmt. Wenn wenig Energie produziert wird, bewirkt somit die Zufuhr von Fettsäuren nach einer Mahlzeit eine Erhöhung der Fettsäurenkonzentration in der Zelle. Dies stimuliert die Veresterung und führt zu einer Erhöhung des Triglyzeridgehaltes der Fettzelle. Dieser Prozeß wird durch eine Vielzahl von Wechselwirkungen vermittelt, bei denen hormonelle und nervöse Einflüsse eine entscheidende Rolle spielen. Im Falle eines erhöhten Energiebedarfes werden die Fettsäuren für die Energieproduktion verwendet. Dies führt zu einer Abnahme der Fettsäurenkonzentration, welche die Spaltung der Triglyzeride in Glyzerin und freie Fettsäuren stimuliert.

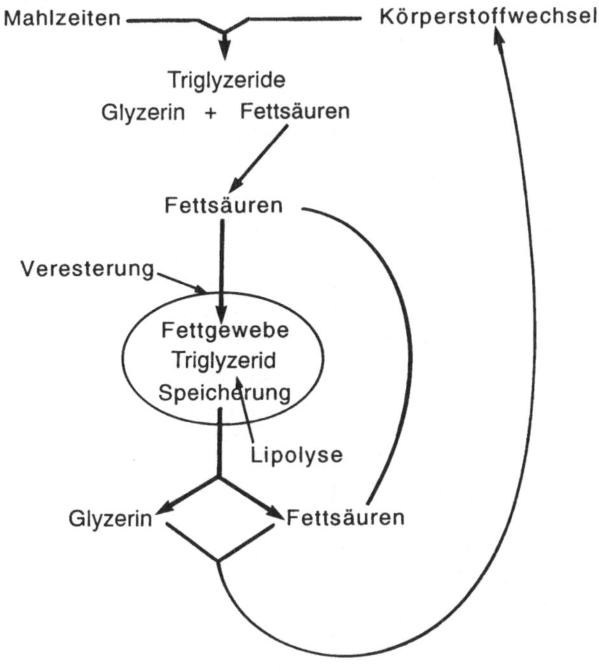

6.3.2 Triglyzeridstoffwechsel

Der Prozeß der Bindung von Fettsäuren (Veresterung) in die
Triglyzeridform und deren Freisetzung aus dieser Form wird
als Triglyzerid-Fettsäuren-Zyklus bezeichnet. Die Aktivität
dieses Zyklus wird vom metabolischen Bedarf an Fettsäuren
für die Energieproduktion und von der Bereitstellung von
Fettsäuren aus exogenen Quellen bestimmt. Das für die Veresterung benötigte Glyzerin wird aus der Glykolyse gewon-
nen.

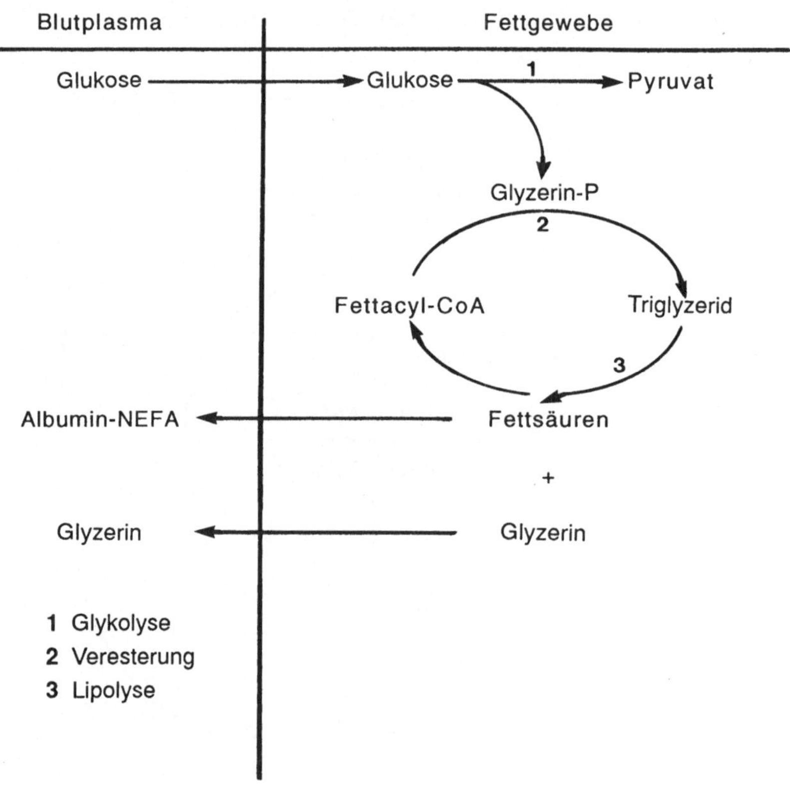

6.4 Fettsäurenstoffwechsel

Freie Fettsäuren werden innerhalb des Zitronensäurezyklus aerob metabolisiert. Um diese Kette von Stoffwechselreaktionen durchlaufen zu können, werden die Fettsäuren zu Fettacyl-CoA, das in den Krebs-Zyklus eintreten kann, umgewandelt; hier erfolgt die Umwandlung in das Acetylkoenzym A. Bei hohen Fettoxidationsraten kommt es zu einer vermehrten Produktion von Acetyl-CoA und Zitrat, dem ersten, aus dem Acetyl-CoA gebildeten Zwischenprodukt innerhalb des Zitronensäurezyklus. Acetyl-CoA hemmt die Umwandlung von Pyruvat in Acetyl-CoA. Außerdem hemmt Zitrat die Glykolyse. Somit hemmt die erhöhte Fettsäurenoxidation sowohl die Rate der Glykolyse als auch den ersten Umwandlungsschritt des Pyruvats im Zitronensäurezyklus. In der Folge wird die gesamte Kohlenhydratoxidation reduziert. Umgekehrt hemmt ein erhöhter Kohlenhydratstoffwechsel – z. B. nach Einnahme oraler KH – die Lipolyse und vermindert die Verfügbarkeit – und somit die Oxidation – von Fettsäuren. Unter Belastungsbedingungen sind die Pro-

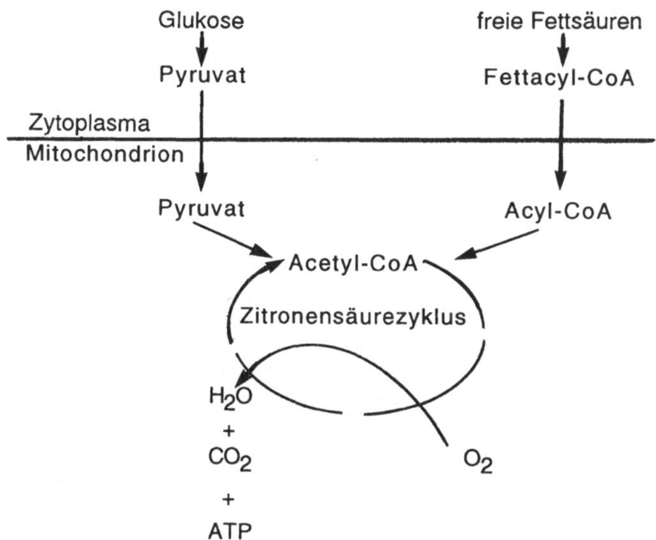

zesse der KH- und Fettutilisation eng miteinander verknüpft
und unterliegen der Regulierung durch nervöse und hormonelle Steuerungsmechanismen. Beeinflußt werden können
diese Vorgänge durch exogene KH- bzw. Fettzufuhr oder
durch Substanzen, die den Stoffwechsel des einen oder des
anderen dieser Substrate stimulieren.

6.5 Protein

Alles Protein, das im Organismus enthalten ist, ist funktio-
nelles Protein. Proteinspeicher analog den Kohlenhydraten,
die als Glykogen gespeichert sind, oder dem Fett, das als
Triglyzerid im Fettgewebe vorhanden ist, gibt es nicht. Die
vorhandene Menge des funktionellen Proteins hängt von der
Funktion der Organe ab. Eine vermehrte Funktion – z. B.
intensive Belastung des Herzens oder der Muskulatur – stimuliert die vermehrte Bildung von kontraktilem Protein. In
der Folge kommt es zu einem gesteigerten Wachstum des
Muskels. Erhöhte Stoffwechselbedürfnisse führen zu einer
Vermehrung der Enzyme, Mitochondrien etc. Aminosäuren
sind die Bausteine des Proteins. Der Körper ist nicht in der
Lage, lebenswichtige Aminosäuren zu produzieren. Aus diesem Grunde werden geeignete Proteinquellen benötigt, um

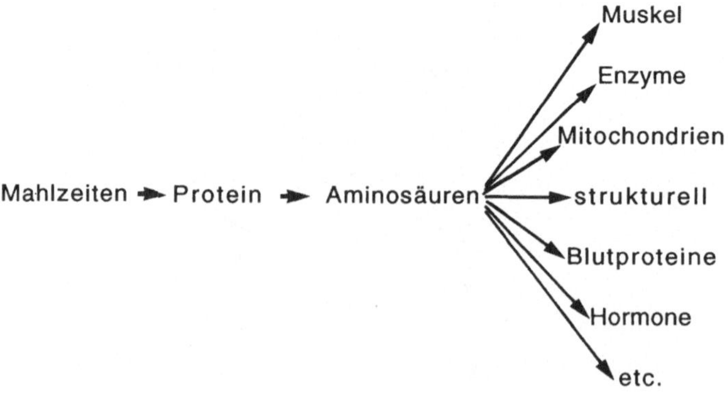

diese Aminosäuren zu bilden. In Perioden des Wachstums steigt die Bildung von Proteinen an, wogegen Perioden mit Krankheit oder Inaktivität durch einen vermehrten Abbau von Proteinen gekennzeichnet sind. In beiden Fällen nimmt der Bedarf der Aminosäuren und Stickstoff zu. Eine angemessene Tageszufuhr von Proteinen ist deshalb für die Erhaltung der Stickstoffbilanz von grundlegender Bedeutung.

6.6 Proteinstoffwechsel

Bei den Substanzen, die für die Proteinsynthese benötigt werden bzw. aus dem Abbau der Proteine resultieren, handelt es sich um Aminosäuren. Diese bilden im Blut und in den Gewebsflüssigkeiten einen Aminosäurenpool. Beim Abbau von Proteinen – die entweder mit den Mahlzeiten zugeführt werden oder bereits im Organismus vorhanden

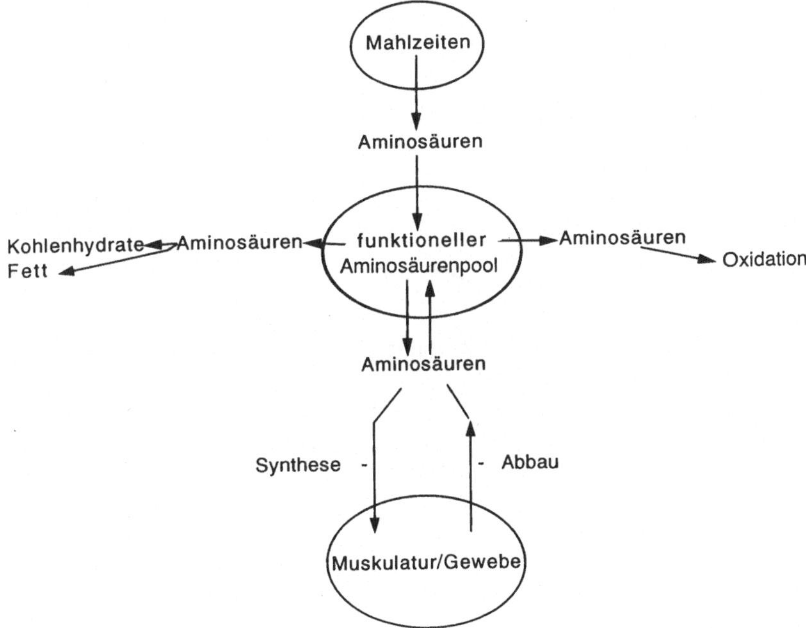

sind – wird dieser Pool mit Aminosäuren versorgt. Bei genügender Zufuhr von Aminosäuren kann die Proteinsynthese kurz nach der Mahlzeit aufgrund des gleichzeitigen Vorhandenseins hoher Insulinspiegel und einer ausreichenden Aminosäurenzufuhr stimuliert werden. Die Aminosäuren, die nicht für die Proteinsynthese benötigt werden, werden entweder oxidiert oder zu Kohlenhydraten und Fett umgewandelt. Diese Prozesse haben zur Folge, daß sich die Konzentration der meisten Aminosäuren im Blut und in den Gewebsflüssigkeiten innerhalb enger Grenzen bewegt.

6.7 Aminosäurenoxidation

Der Aminosäurenabbau dient in erster Linie dazu, wichtige metabolische Zwischenprodukte herzustellen, die entweder

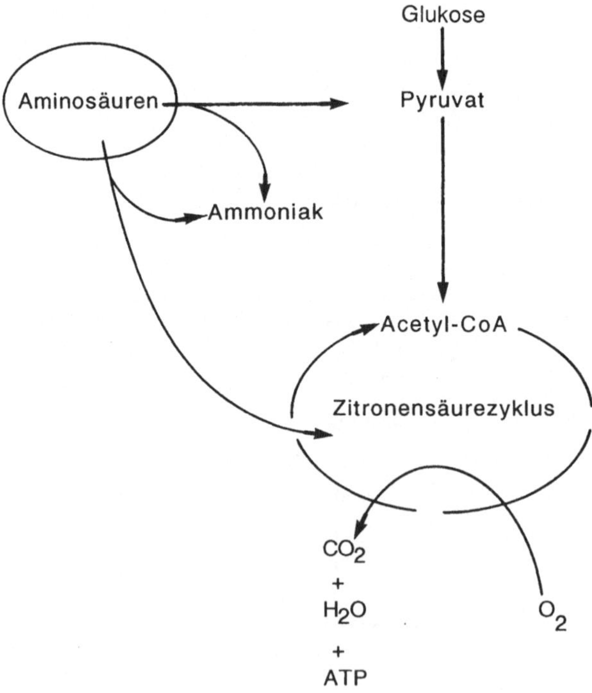

zu Glukose und Fett umgewandelt oder via Zitronensäurezyklus oxidiert werden können. Die meisten Aminosäuren werden in der Leber und einige – die verzweigtkettigen Aminosäuren – auch in der Muskulatur oxidiert. Die Aminosäurenoxidation findet in den Mitochondrien statt und ist in Perioden mit körperlicher Belastung immer erhöht. Diese vermehrte Oxidation resultiert hauptsächlich aus einer Verschiebung des anabolisch/katabolischen Hormongleichgewichts in Richtung Katabolismus. Die Aminosäurenoxidation wird weiter verstärkt, wenn die KH-Pools im Organismus entleert werden. Dies führt, wie die verfügbaren Daten zeigen, bei täglich trainierenden Ausdauersportlern zu einer Erhöhung des Aminosäurenbedarfs in der Größenordnung von 1,2–1,8 g/kg Körpergewicht/Tag.

6.8 Energiestoffwechsel

In der Anfangsphase einer plötzlichen körperlichen Anstrengung wird die zusätzlich benötigte Energie hauptsächlich durch den Abbau von Muskelglykogens zu Laktat produziert. Während der ersten Minuten des Trainings trägt die Blutglukose nicht wesentlich zur Energieproduktion bei. In diesem Stadium muß die Glykogenolyse in der Leber verstärkt werden. Das gebildete Laktat wird in den Blutkreislauf freigesetzt und von der Leber, dem Herzen und dem nichtaktiven Muskelgewebe aufgenommen, wo es entweder oxidiert oder erneut zu Glukose synthetisiert wird. In einem späteren Stadium, wenn die Glukoseproduktion in der Leber ein bedeutendes Ausmaß angenommen hat, nutzt die Muskulatur zunehmend Blutglukose für die Energiegewinnung. Gleichzeitig hat die Lipolyse in den Fettzellen – ein sich zunächst langsam steigernder Vorgang – die Blutfettsäurenwerte erhöht, so daß die Fettsäuren vermehrt zur Energieproduktion beitragen. Nun werden immer mehr Fettsäuren im Muskel und in der Leber oxidiert. Ketonkörper, die aus

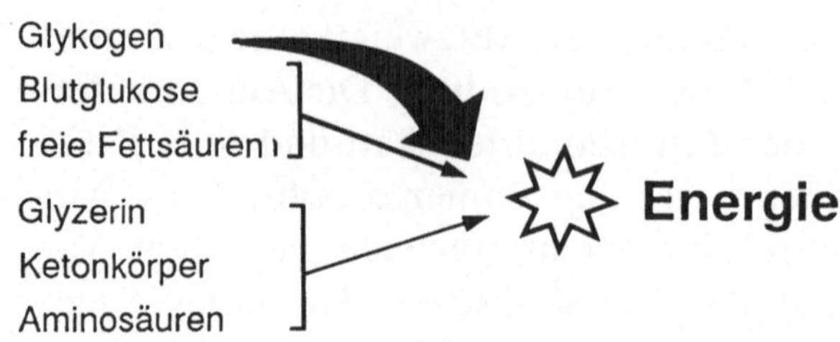

Belastung
Stadium I
Glykogen
Blutglukose
freie Fettsäuren
Glyzerin
Ketonkörper
Aminosäuren
Energie

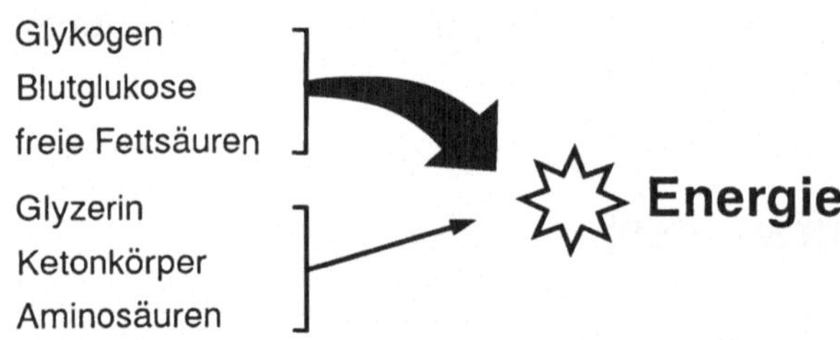

Belastung
Stadium II
Glykogen
Blutglukose
freie Fettsäuren
Glyzerin
Ketonkörper
Aminosäuren
Energie

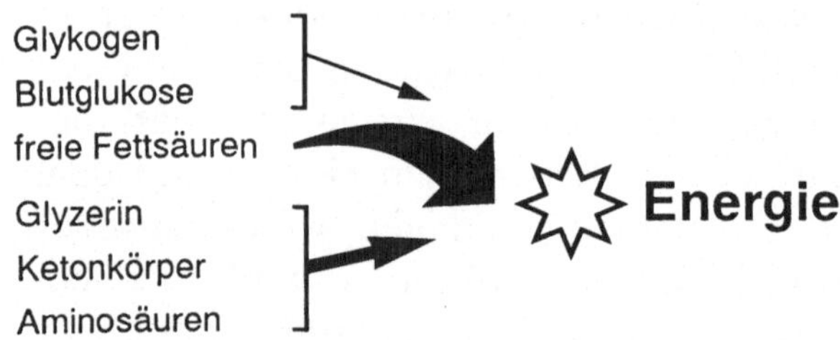

Fasten/Belastung
Stadium III
Glykogen
Blutglukose
freie Fettsäuren
Glyzerin
Ketonkörper
Aminosäuren
Energie

der unvollständigen Fettoxidation in der Leber entstehen, werden von Herz und Leber aus dem Blut aufgenommen, wo sie endgültig oxidiert werden. Bei zunehmendem metabolischem Streß, besonders im Falle einer KH-Depletion, kann die Proteinsynthese reduziert werden, während der Abbau von Aminosäuren zunimmt. Der Abbau von Aminosäuren im Muskel und in der Leber führt schließlich zur Bildung von Harnstoff, der mit dem Urin und dem Schweiß ausgeschieden wird. Die Kohlenstoffgerüste der Aminosäuren gehen in den Zitronensäurezyklus über, wobei sie in der Leber für die Glukoseneubildung verwendet und im Muskel oxidiert werden. Während körperlichen Belastungen und auch beim Fasten werden die endogenen KH-Speicher in Leber und Muskel depletiert. Würde in Leber und Nieren keine Glukose aus glukoneogenetischen Vorstufen erzeugt, so käme es zu einem dramatischen Abfall des Blutzuckerspiegels. Glukoneogenetische Vorstufen sind Aminosäuren, Glyzerin und Laktat. Gleichzeitig wird die Fettoxidation maximiert, was zu einem verringerten Bedarf an KH führt. Ketonkörper, die aus dem Fettstoffwechsel in der Leber anfallen, werden im Herzen, im Muskel und bei langdauerndem Fasten auch im Gehirn metabolisiert. Unter solchen Bedingungen fällt die maximale Arbeitskapazität infolge des KH-Mangels auf rund 50 % ab.

7 Zusammenfassung

Eine **ausreichende Nährstoffversorgung** des Sportlers ist für die Aufrechterhaltung eines adäquaten Ernährungsstatus, der optimalen Leistung, der angemessenen Erholung sowie für die Verringerung von Gesundheitsrisiken von entscheidender Bedeutung. Dies ist jedoch nicht immer einfach zu bewerkstelligen. Bei extrem hohem Energieverbrauch, z. B. bei intensiven Ausdauerbelastungen, ist eine angemessene Energie- und Nährstoffzufuhr erforderlich, damit der Energie-, Stickstoff- und Flüssigkeitshaushalt im Gleichgewicht gehalten werden kann.

Die Tatsache, daß kohlenhydratreiche Diät, wenn sie in Form von Normalkost eingenommen wird, ein hohes Volumen des Magen-Darm-Inhalts zur Folge hat, veranlaßt Sportler dazu, ihre Ernährungsgewohnheiten zu ändern und 30–50 % ihrer täglichen Energiezufuhr in Form von Zwischenmahlzeiten einzunehmen, die oft einen hohen Energiegehalt aufweisen, aber wenig Nahrungsfasern, Protein und Mikronährstoffe enthalten. Dies führt zu einer Verschlechterung der Ernährungsqualität, wenn nicht Nahrungsprodukte und/oder -supplemente von geeigneter Zusammensetzung ausgewählt werden. Eine entsprechende Erziehung von Sportlern und Trainern ist deshalb von großer Bedeutung. Obwohl in Sportpublikationen zahlreiche Artikel zum Thema Ernährung erscheinen, ist es um das Wissen in diesen Fragen offensichtlich schlecht bestellt (vgl. Kap. 1, 2.1.2.1, 2.3.2, 4.3.3).

Bei Sportlern kommt es erwiesenermaßen zu einem erhöhten, belastungsinduzierten Verbrauch/Verlust an Makro-

und Mikronährstoffen. Diese Verluste sollten normalerweise durch die tägliche Nahrung kompensiert werden. Die Protein- und Mikronährstoffdichte der Normalkost ist jedoch oft so bemessen, daß oftmals unzureichende Werte erreicht werden. Bei Sportlern, die dauernd oder wiederholt energiearme Kost zu sich nehmen (z. B. Turnerinnen, Tänzerinnen, Teilnehmer/Teilnehmerinnen an Gewichtsklassendisziplinen, Bodybuilders sowie Ausdauerläuferinnen), besteht deshalb die Gefahr einer Mangelernährung. Solche Personen können ihre Nährstoffversorgung und ihren Ernährungszustand verbessern, indem sie Normalkost, Nahrungsprodukte und -supplemente auswählen, die eine erhöhte Dichte an bestimmten Nährstoffen aufweisen (s. Kap. 1, 4.1.1.2).

Kohlenhydrate (KH) bilden den wichtigsten Nährstoff für hochintensive Körperbelastung. Die Energiefreisetzung aus KH erfolgt bis zu 3mal rascher als beim Fett. Da der Organismus jedoch nur über geringe KH-Reserven verfügt, ist die Zeit, innerhalb deren hochintensive Körperarbeit geleistet werden kann, begrenzt. Eine KH-Depletion vermindert nicht nur die Leistung, sondern hat auch einen erhöhten Verbrauch von Protein, das für die Energieproduktion benötigt wird, zur Folge. Dies führt zur Bildung von Ammoniak, was die Ermüdung begünstigt. Die Zufuhr von KH während des Trainings bewirkt eine Schonung der körpereigenen KH-Reserven, eine Reduktion des Proteinverbrauchs und der Ammoniakbildung sowie eine Verzögerung der Ermüdung bzw. Steigerung der Leistung. Eine adäquate Zufuhr von KH zwischen Trainingseinheiten/Trainingstagen bzw. während hochintensiver Körperbelastung ist für die Vermeidung von zunehmender Ermüdung bzw. „Overtraining" von entscheidender Bedeutung. Die während des Trainings verwendeten KH-Quellen sollten rasch resorbierbar sein (d. h. einen hohen glykämischen Index aufweisen) und mit ausreichender Flüssigkeitszufuhr kombiniert werden (vgl. 2.1).

Fett stellt eine „langsame" Energiequelle dar. Sportler, die Fett als primäre Energiequelle verwenden, können nur mit 40–60 % ihrer maximalen Leistungskapazität trainieren. Immerhin verringert eine belastungsbedingte Erhöhung des Fettverbrauchs die Utilisation der körpereigenen KH-Reserven und übt somit einen günstigen Einfluß auf die KH-Verfügbarkeit und den Zeitpunkt der Ermüdung aus. Für Sportler wird ein relativ geringer täglicher Fettkonsum – <30 Energie-% – empfohlen, dies unter Berücksichtigung eines erhöhten KH-Gehalts der Nahrung. Gesättigte Fettsäuren sind zu vermeiden. An ihrer Stelle sollte die Einnahme von Nahrungsmitteln auf Fisch- oder Pflanzenölbasis gefördert werden (vgl. 2.2).

Protein wird für das Wachstum der Muskeln, die Regeneration der Gewebe und die enzymatische Anpassung benötigt. Aminosäuren, die Bausteine der Proteine, sind an zahlreichen metabolischen Zyklen und Prozessen beteiligt. Von einigen Aminosäuren ist bekannt, daß sie die Bildung von Hormonen und die Neurotransmission beeinflussen. Es gibt Spekulationen darüber, daß sich letzteres auf die Ermüdung bzw. auf die Leistung auswirkt.

Bei Sportlern ist der Proteinbedarf erhöht. Nach aktuellen Kenntnissen beträgt die benötigte Tageszufuhr ungefähr 1,2–1,8 g/kg Körpergewicht. Ursache dieses erhöhten Bedarfs ist die vermehrte Utilisation von Aminosäuren bei der oxidativen Energieproduktion während des Trainings, ein Vorgang, der bekanntermaßen durch intensivere Belastungen und im Falle einer Depletion der KH-Reserven intensiviert wird. Bei Sportlern, die eine kalorienreduzierte Diät durchführen, ist die Proteinzufuhr vermindert, so daß der Stickstoffnettoverlust unter Umständen nicht kompensiert wird und Syntheseprozesse sowie die Anpassung an die Körperbelastung beeinflußt werden. Zu dieser Kategorie gehören u. a. Bodybuilders, Gewichtsklassesportler, Turner/Turnerinnen, Tänzer/Tänzerinnen, Langstreckenläuferinnen und evtl. auch vegetarisch lebende Sportler/Sportlerinnen. Eine Erhöhung der Proteinzufuhr oder -supplemente oberhalb der Normalwerte ermöglicht keine Steigerung des Muskelwachstums oder der Leistung. Die Anwendung bestimmter Aminosäuren zur Beeinflussung von Stoffwechselbahnen, die an der Entstehung der Ermüdung und an der Hormonproduktion beteiligt sind, muß weiter erforscht werden, bevor endgültige Aussagen gemacht werden können (vgl. 2.3, 5.1).

Flüssigkeit und Elektrolyte sind bei langdauernder Körperbelastung, insbesondere in heißem Klima, von vorrangiger Bedeutung. Der kontinuierliche Flüssigkeitsverlust aus dem Körper via Schweiß und Atemluft und – bei Ausdauerbelastungen – auch in Form von Durchfällen führt zu einer Reduktion des Plasmavolumens sowie des zentralen Blutvolumens, einer Verminderung der Schweißproduktion und der Wärmeabfuhr sowie – bei hochintensiver Belastung in warmer Umgebung – zu Hitzschlag/Hitzekollaps. Es ist erwiesen, daß eine Dehydration von >1,5 l die Sauerstofftransportkapazität des Körpers vermindert und zur Ermüdung führt. Eine angemessene Rehydration dagegen wirkt diesen Erscheinungen entgegen und verzögert das Eintreten der Ermüdung. Außerdem ist bekannt, daß mit Natrium und KH (bis zu 80 g/l) angereicherte Sportgetränke, im Gegensatz zu gewöhnlichem Trinkwasser, die Wasserresorption stimulieren, die für die Regulation des Wasserhaushalts verantwortlichen Hormone weniger dramatisch beeinflussen und Energie bereitstellen. Bei der Zugabe weiterer Elektrolyte sollten die mit dem Ganzkörperschweiß verlorenen Mengen nicht überschritten werden. Sportgetränke sollten außerdem nicht hypertonisch sein (s. Kap. 3).

Mineralien sind für den Bewegungsapparat und für zahlreiche biologische Funktionen von Bedeutung. Körperbelastung führt bekanntlich zu erhöhten Mineralverlusten – während des Trainings mit dem Schweiß und in der Erholungsphase mit dem Urin. Wie bei den meisten Nährstoffen ist auch die Aufnahme von Mineralien von der Qualität der Nahrung und von der eingenommenen Energiemenge abhängig. Bei Sportlern, die eine energiearme Diät einnehmen, besteht deshalb die Gefahr einer mangelhaften Versorgung mit Mineralien, insbesondere mit Zink, Eisen und Magnesium. Vegetarisch lebende Sportler sind besonders anfällig für Eisenmangel.

Allgemein kann es bei Sportlern zu einem defizitären Mineralstatus kommen, wenn ihre Ernährung unausgewogen ist. Eine Unterversorgung mit Eisen, Zink und Magnesium führt nachweislich zu Leistungsabfall und Muskelschwäche und wird oft auch als Ursache für das Auftreten von Muskelkrämpfen angesehen. In letzterem Punkt sind allerdings noch weitere Forschungen erforderlich, um den unmittelbaren Einfluß von Mineralmangelzuständen zu validieren (vgl. Kap. 1, 4.1–4.1.2).

Die Bedeutung der **Spurenelemente** für den Sportler hat erst seit einigen Jahren Beachtung gefunden. Wie bei den Mineralien kommt es auch bei den Spurenelementen bei intensiver Körperbelastung zu steigenden Verlusten. Die Spurenelementverluste mit dem Schweiß (Kupfer) und mit dem Harn (Chrom) können die Werte der empfohlenen Tageszufuhr überschreiten. Die Nahrung selber kann diese Verluste in hohem Maße beeinflussen, da die Zufuhr großer Mengen von KH, insbesondere solcher mit hohem glykämischen Index, nachgewiesenermaßen Chromverluste begünstigen, während eine stark nahrungsfaserhaltige Diät, wie sie Ausdauersportler und Vegetarier oftmals zu sich nehmen, die Resorption von Spurenelementen beeinträchtigt. Seit die Wissenschaft darauf aufmerksam geworden ist, daß körperliche Belastungen die Entstehung von Gewebe- und Zellschädigungen begünstigen, hat auch die Bedeutung von Selen, das an den Prozessen der Zerstörung freier Radikale beteiligt ist, Beachtung gefunden. Obwohl dieses Gebiet noch eingehend erforscht werden muß, ist man allgemein der Ansicht, daß eine Supplementierung mit Mengen, welche die empfohlene sichere Tageszufuhr nicht überschreiten, zu einer ausreichenden täglichen Versorgung der Sportler mit diesem Spurenelement beiträgt (vgl. Kap. 4.2).

Vitamine – die bisher am stärksten beachtete Nährstoffgruppe – sind als lebenswichtige Koenzyme an zahlreichen Enzymreaktionen im Rahmen der Energieproduktion und des Proteinstoffwechsels beteiligt. Jeder Vitaminmangel führt daher zu einer suboptimalen Funktion des Stoffwechsels, was langfristig Leistungsminderungen oder sogar Erkrankungen zur Folge hat. Außerdem wirken einige Vitamine als Antioxydanzien und üben deshalb eine Schutzfunktion auf Gewebe und Zellen aus, deren Integrität bei metabolischem Streß bedroht sein kann.

Es ist bekannt, daß Vitaminsupplemente generell die Leistungskapazität im Falle von Vitamindefiziten wiederherstellen und durch freie Radikale bedingte Gewebeschädigungen vermindern. Dagegen wurde nie nachgewiesen, daß Vitaminsupplemente in Mengen oberhalb der für optimale Blutspiegel erforderlichen Dosen die Leistung steigern. Analog den Mineralien und Spurenelementen sind intensiv trainierende Sportler, die sich kalorienarm ernähren, am anfälligsten für eine Unterversorgung mit Vitaminen. Allgemein kann gefolgert werden, daß eine Revitaminisierung stark energiehaltiger, raffinierter Nahrungsmittel oder eine Supplementierung mit Vitaminpräparaten zwar keine Leistungssteigerung ermöglicht, aber zu einer ausreichenden täglichen Vitaminversorgung der Sportler beitragen kann.

Die tägliche Einnahme eines *niedrigdosierten* Vitaminpräparats oder von Nährstoffpräparaten, deren Vitamingehalt die empfohlene sichere Tageszufuhr nicht überschreitet, kann in Perioden mit intensivem Training oder in allen Situationen, wo Sportler keine Normalkost zu sich nehmen – z. B. in Perioden mit beschränkter Nahrungsaufnahme, verbunden mit intensivem Training –, ratsam sein (insbesondere für Frauen und Ausübende von Sportarten mit Gewichtsklasseneinteilung; vgl. Kap. 1, Tabelle 1 und 4.3–4.3.3.1).

Nährstoffe als Mittel zur Leistungssteigerung. Es gibt Substanzen, die wir täglich mit unserer Nahrung einnehmen. Substanzen wie Koffein, Carnitin, Aspartate, Natriumbicarbonat, Bienenpollen, bestimmte Aminosäuren etc. haben in jüngster Zeit die Aufmerksamkeit der Wissenschaftler auf sich gezogen, da sie möglicherweise die Leistung, die Ermüdung und die Erholung beeinflussen. In vielen Fällen bedarf es weiterer Forschungen, bevor schlüssige, wissenschaftlich stichhaltige Aussagen über solche Substanzen gemacht werden können. Einige dieser Substanzen werden in Kap. 5 beschrieben.

Die Zukunft wird eine stetige Vermehrung der Kenntnisse und Anwendungsmöglichkeiten im Bereich der Ernährungsintervention und der Nährstoffsupplementierung mit sich bringen. Ein wichtiges Stimulans für diese Entwicklung wird das erweiterte Wissen um Nährstoffe sein, die an den diversen metabolischen Bahnen inklusive Gehirnstoffwechsel beteiligt sind. Um entscheiden zu können, ob aus der Nahrung abgeleitete Stoffe eine diätetische oder eine pharmakologische Rolle spielen, bedarf es weiterer Forschungen und eines optimalen Zusammenspiels zwischen Wissenschaft und Nahrungsmittelindustrie.

Literatur

1. Ahlborg G, Felig P, Hagenfeldt L et al. (1974) Substrate turnover during prolonged exercise in man. J Clin Lab Invest 53: 1080–1090
2. Alhadeff L, Gualtieri T, Lipton M (1984) Toxic effects of water-soluble vitamins. Nutrition Rev 2: 33–40
3. Anderson RA, Polanski MM, Bryden NA et al (1986) Stenuous exercise may increase dietary needs for chromium and zinc. In: Katch FI (ed) Sport, health and nutrition. Champaign, Human Kinetics Publishers (1984 Olympic Sci Cong Proc, vol 2, pp 83–88
4. Anderson RA, Polanski MM, Bryden NA et al (1988) Tace minerals and exercise. In: Terjung R, Horton ES (eds) Exercise, nutrition and energy metabolism. New York, Mc Millan, pp 180–195
5. Anderson RA (1991) New insights on the trace elements chromium, copper and zinc, and exercise. In: Brouns F, Sarin WHM, Newsholme EA (eds) Advances in nutrition and top sport. Karger, Basel (Med Sport Sci 32: 38–58)
6. Armstrong RB (1986) Muscle damage and endurance events. Sports Med 3: 370–381
7. Auclair E, Sabatin P, Servan E, Guezennec CY (1988) Metabolic effects of glucose, medium chain triglyceride and long chain triglyceride feeding before prolonged exercise in rats. Eur J Appl Physiol 57: 126–131
8. Banister EW, Cameron BJ (1990) Exercise-induced hyperammonemia: peripheral and central-effects. Int J Sports Med (Suppl 2) 11: S 129–142
9. Barr SI (1987) Women, nutrition and exercise: a review of athletes' intakes and a discussion of energy balance in active women. Progr Food Nutr Sci 11: 307–361
10. Beek EJ van der, Dokkum W van, Schrijver J (1984) Marginal vitamin intake and physical performance in man. Int J Sports Med 5: 28–31

11. Beek EJ van der (1985) Vitamins and endurance training: Food for running or faddish claims? Sports Med 2: 175–197

12. Beek EJ van der, Dokkum W van, Schrijver J (1990) Controlled vitamin C restriction and physical performance in volunteers. J Am Coll Nutr 9/4: 332–339

13. Beek EJ van der (1991) Vitamin supplementation and physical exercise performance. J Sports Sci 9 (Special Issue): 77–89

14. Bendich A (1991) Exercise and free radicals: Effects of antioxidant vitamins. In: Brouns F, Saris WHM, Newsholme EA (eds) Advances in nutrition and top sport. Karger, Basel (Med Sport Sci 32: 59–78)

15. Bergström J, Hultman E (1966) The effect of exercise on muscle glycogen and electrolytes in normals. Scand J Clin Lab Invest 18: 16–20

16. Bergström J, Hultman E (1967) A study of the glycogen metabolism during exercise in man. Scand J Clin Lab Invest 19: 218–228

17. Bergström J, Hultman E (1967) Synthesis of muscle glycogen in man after glucose and fructose infusion. Acta Med Scand 182: 93–107

18. Bergström J, Fürst P, Holström B et al. (1981) Influence of injury and nutrition on muscle water and electrolytes. Ann Surg 193: 810–816

19. Björntorp P (1991) Importance of fat as a support nutrient for energy: metabolism of athletes. J Sports Sci 9 (Special Issue): 71–76

20. Boje O (1939) Doping: A study of the means employed to raise the level of performance in sport. League of Nations Bulletin of the Health Organization 1939/8: 439–469

21. Braun B, Clarkson P, Freedson P et al. (1991) The effect of coenzyme Q10 supplementation on exercise performance. VO_2max, and lipid peroxidation in trained cyclists. Int J Sport Nutr 1: 353–365

22. Bremer J, Osmundsen H (1984) Fatty acid oxidation and its regulation. In: Numa S (ed) Fatty acid metabolism and its regulation. Amsterdam, Elsevier, pp 113–154

23. Brouns F, Saris WHM, ten Hoor F (1986) Dietary problems in the case of strenuous exercise. Part 1: A literature review. Part 2: The athletes diet: nutrient dense enough? J Sportsmed Phys Fitness 26: 306–319

24. Brouns F, Saris WHM, Rehrer NJ (1987) Abdominal complaints and gastrointestinal function during long-lasting exercise. Int J Sports Med 8: 175–189

25. Brouns F, Saris WHM, Beckers E et al. (1989) Metabolic changes induced by sustained exhaustive cycling and diet manipulation. Int J Sports Med 10 (Suppl 1): S 49–S 62

26. Brouns F, Rehrer NJ, Saris WHM, Beckers E, Menheere P, ten Hoor F: Effect of carbohydrate intake during warming-up on the regulation of blood glucose during exercise. Int J Sports Med 1989 10: (Suppl 1) S 68–75

27. Brouns F, Reher NJ, Beckers E, Saris WHM, Menheere P, ten Hoor F (1991) Reaktive Hypoglykämie. Dtsch Z Sportmed 42/5: 188–210

28. Brouns F, Saris WHM (1989) How vitamins affect performance. J Sports Med Phys Fitness 29/4: 400–404

29. Brouns F, Beckers E, Wagenmakers AJM, Saris WHM (1990) Ammonia accumulation during highly intensive long-lasting cycling: individual observations. Int J Sports Med 11 (Suppl 2): S 78–S 84

30. Brouns F (1991) Gastrointestinal symptoms in athletes: physiological and nutritional aspects. In: Brouns F, Saris WHM, Newsholme EA (eds) Advances in nutrition and top sport. Karger, Basel (Med Sport Sci 32: 166–199)

31. Brouns F (1991) Etiologiy of gas 'ointestinal disturbances during endurance events. Scand J Med Sc Sports 1: 66–77

32. Brouns F (1991) Heat – sweat – dehydration – rehydration: a praxis oriented approach. J Sports Sci 9 (Special Issue): 143–152

33. Bucci L, Hickson J, Pivarnik J et al. (1990) Growth hormone release in bodybuilders after oral ornithine administration. FASEB J 4: A 397 (abstract)

34. Bucci L (1989) Nutritional ergogenic aids. In: Hickson J, Wolinsky I (eds) CRD Press, Boca Raton/FL

35. Campbell WW, Anderson RA (1987) Effects of aerobic exercise and training on the trace minerals, chromium, zinc and copper. Sports Med 4: 9–18

37. Chandler J, Hawkins J (1984) The effect of bee pollen on physiological performance. Int J Biosoc Res 6: 107–14

37. Clarkson PM (1991) Minerals: exercise performance and supplementation in athletes. J Sports Sci 9 (Special Issue): 91–116

38. Clement DB, Sawchuk IL (1984) Iron status and sports performance. Sports Med 1: 65–74

39. Costill DL (1988) Carbohydrates for exercise: dietary demands for optimal performance. Int J Sports Med 9: 1–18

40. Costill DL (1990) Gastric emptying of fluids during exercise. In: Gisolfi CV, Lamb DR (eds): Perspectives in exercise science and sports medicine, vol 3: Fluid homeostatis during exercise. Benchmark Press Carmel/IN, pp 97–127

41. Couzy G, Lafargue P, Guezenmnec CY (1990) Zinc metabolism in

the athlete: influence of training, nutrition and other factors. Int J Sports Med 11: 263–266

42. Coyle EF, Hamilton M (1990) Fluid replacement during exercise: effects on physiological homeostasis and performance. In: Gisolfi CV, Lamb DR (eds) Perspectives in exercise science and sports medicine, vol 3: Fluid homeostatis during exercise. Benchmark Press, Carmel/IN, pp 281–308

43. Coyle EF, Coggan AR (1984) Effectiveness of carbohydrate feeding in delaying fatigue during prolonged exercise. Sports Med 1: 446–458

44. Coyle EF (1991) Carbohydrate feedings: effects on metabolism, performance and recovery. In: Brouns F, Saris WHM, Newsholme EA (eds) Advances in nutrition and top sport. Karger, Basel (Med Sport Sci 32: 1–14)

45. Coyle EF (1991) Timing and method of increased carbohydrate intake to cope with heavy training, competition and recovery. J Sports Sci 9 (Special Issue): 29–52

46. Corley G, Demarest-Litchford M, Bazzarre TL (1990) Nutrition knowledge and dietary practices of college coaches. Am Diet Assoc 90: 705–709

47. Crapo PA (1985) Simple versus complex carbohydrate use in the diabetic diet. Ann Rev Nutr 5: 95–114

48. Décombaz J, Arnaud MJ, Milon H et al. (1983) Energy metabolism of medium chain triglycerides versus carbohydrates during exercise. Eur J Appl Physiol 52: 9–14

49. Décombaz J, Sartori D, Arnaud MJ et al (1985) Oxidation and metabolic effects of fructose and glucose ingested before exercise. Int J Sports Med 6: 282–286

50. Décombaz J, Gmuender B, Sierro G, Cerretelli P (1992) Muscle carnitine after strenuous endurance exercise. J Appl Physiol 72/2: 423–427

51. Demoupoulous H, Santomier J, Seligman M et al (1986) Free radical pathology: Rationale and toxicology of antioxidants and other supplements in sports medicine and exercise science. In: Katch F (ed) Sport health and nutrition, human kinetics. Champain/IL

52. Deutsche Gesellschaft für Ernährung (1991) Empfehlungen für die Nährstoffzufuhr. Umschau-Verlag, Frankfurt am Main

53. Dreher ML, Dreher CJ, Berry JW (1984) Starch digestability of foods: a nutritional perspective. CRC Critical Rev 20: 47–71

54. Dunnet W, Crossen D (1980) The bee pollen promise. Runners's World 15/8: 53–54

55. Dwyer J (1983) Nutritional status and alternative life-style diets with special reference to vegetarism in the U.S. In: Rechcigl jr. M (ed) CRC Handbook of nutritional supplements, vol 1: Human use. CRC Press, New York

56. Eichner ER (1986) The anemias of athletes. Physician Sports Med 14/9: 122–130

57. Eichner ER (1988) Other medical considerations in prolonged exercise. In: Lamb DR, Murray R (eds) Perspectives in exercise science and sports medicine, vol 1: Prolonged exercise. Benchmark Press, Indianopolis/IN, pp 415–442

58. Erp-Baart AMJ van, Saris WHM, Binkhorst RA et al (1989) Nationwide survey on nutritional habits in elite athletes. Part I: Energy carbohydrate, protein and fat intakte. Int J Sports Med 10 (Suppl 1): S 3–S 10

59. Erp-Baart AMJ van, Saris WHM, Binkhorst RA et al (1989) Nationwide survey on nutritional habits in elite athletes. Part II: Mineral and vitamin intake. Int J Sports Med 10 (Suppl 1): S 11–S 16

60. Erp-Baart AMJ van (1992) Food habits in athletes. Dissertation University of Nijmegen/NL (ISBN 90-9004526.0)

61. Evans GW (1989) The effect of chromium picolinate on insulin controlled parameters in humans. Int J Biosocial Med Res 11/2: 163–180

62. Faber M, Menadé AJS, Eck M van (1986) Dietary intake, anthropometic measurements, and blood lipid values in weight training athletes (body builders). Int J Sports Med 7/6: 342–346

63. Felig P, Wahren J (1975) Fuel homeostasis in exercise. N Engl J Med 293: 1078–1084

64. Felig P (1977) Amino acid metabolism in exercise. Ann NY Acad Sci 301: 56–63

65. Felig P (1982) Hypoglycemia during prolonged exercise in normal man. N Engl J Med 306: 895–910

66. Fern EB, Bielinski RN, Schutz Y (1991) Effects of exaggerated amino acid and protein supply in man. Experientia 47: 168–172

67. Galiano F et al (1991) Physiological, endocrine and performance effects of adding branched chain amino acids to a 6% carbohydrate-electrolyte beverage during prolonged cycling. Med Sci Sports Exerc 23: S 14 (abstract)

68. Gerster H (1989) The role of vitamin C in athletic performance. J Am Coll Nutr 8/6: 363–643

69. Gisolfi CV, Summers RW, Schedl HP (1990) Intestinal absorption of fluids during rest and exercise. In: Gisolfi CV, Lamb DR (eds) Perspectives in exercise science and sports medicine, vol 3: Fluid

homeostatis during exercise. Benchmark Press, Carmel/IN, pp 129–180
70. Gledhill N (1984) Bicarbonate ingestion and anaerobic performance. Sports Med 1: 177–180
71. Gollnick PD (1988) Energy metabolism and prolonged exercise. In: Lamb DR, Murray R (eds) Perspectives in exercise science and sports medicine, vol 1: Prolonged exercise. Benchmark Press, Inc., Indianapolis/IN, pp 1–42
72. Grandjean AC (1987) The vegetarian athlete. The physician and sportsmedicine 15/5: 191–194
73. Greig C, Finch K, Jones D et al. (1987) The effect of oral supplementation with L-carnitine on maximum and submaximum exercise capacity. Eur J App Physiol 56: 457–460
74. Grossman SB (ed) Thirst and sodium appetite: physiological basis. Academic press, New York
75. Guezennec CY, Sabatin P, Duforez F et al. (1989) Oxidation of corn starch, glucose and fructose ingested before exercise. Med Sci Sports Exerc 21: 45–50
76. Guezennec CY, Sabatin P, Duforez F et al. (1991) Role of starchy food type and structure on the metabolic response to physical exercise. Internal report Centre Med Aerospatiate, Paris
77. Guezennec CY, Léger C, Sabatin P (1991) Lipid metabolism and performance. In: Atlan C, Béliveau L, Bouissou P (eds) Muscle fatigue: biochemical and physiological aspects. Masson, Paris, pp 165–172
78. Hackman RM, Keen CL (1986) Changes in serum zinc and copper levels after zinc supplementation in running and nonrunning men. In: Katch FI (ed) Sport, health and nutrition. 1984 Olympic Sci Cong Proc, vol 2. Champaign, Human Kinetics Publishers, pp 89–100
79. Hargreaves M (1991) Carbohydrates and exercise. J Sport Sci 9 (Special Issue): 18–28
80. Harper AE, Zapalowski C (1981) Metabolism of branched chain amino aids. In: Waterlow JC, Stephen JML (eds) Nitrogen metabolism in man. London, Applied Science Publishers, pp 97–116
81. Hawkins C et al (1991) Oral arginine does not affect body composition or muscle function in male weight lifters. Med Sci Sports Exerc 23: S 15 (abstract)
82. Hawley JA, Dennis SC, Noakes TD (1992) Oxidation of carbohydrate ingested during prolonged endurance exercise. Sports Med L
83. Haymes EM (1980) The use of vitamin and mineral supplements by athletes. J Drugs Issues 3: 361–370

84. Haymes EM (1991) Vitamin and mineral supplementation to athletes. Int J Sport Nutr 1: 146–169

85. Heigenhauser G, Jones N (1991) Bicarbonate loading. In: Lamb D, Williams M (eds) Ergogenics: enhancement of performance in exercise and sport. Brown & Benchmark, Dubuque/IA 183–212

86. Herbert V, Colman N, Jacob E (1980) Folic acid and vitamin B12. In: Goodhart R, Shils M (eds) Modern nutrition in health and disease. Lea & Febiger, Philadelphia, pp 229–258

87. Heany RP, Recher RR, Saville PD (1978) Menopausal changes in clacium balance performance. J Lab Clin Med 92: 953–963

88. Hubbard RW, Szlyk PC, Armstrong LE (1990) Influence of thirst and fluid palatability on fluid ingestion during exercise. In: Gisolfi CV, Lamb DR (eds) Perspectives in exercise science and sports medicine, vol 3: Fluid homeostatis during exercise. Benchmark Press, Carmel/IN, pp 39–96

89. Hultman E (1967) Studies on metabolism of glycogen and active phosphate in man with special reference to exercise and diet. Scan J Clin Lab Invest 19 (Suppl): 94

90. Hultman E (1974) Dietary manipulations as an aid to preparation for competition. In: Proceedings of the World Conference on Sports-Medicine, Melbourne 1974, pp 239–265

91. Hultman E (1981) Liver glycogen in man: effect of different diets and muscular exercise. In: Pernow B, Saltin B (eds) Muscle metabolism during exercise. Plenum Press New York, pp 143–152

92. Ivy JL, Costill DL, Fink W et al. (1980) Contribution of medium and long chain triglyceride intake to energy metabolism during prolonged exercise. Int J Sports Med 1: 15–20

93. Jacob RA, Harold H, Sandstead MD et al. (1981) Whole body surface loss of trace metals in normal males. Am J Clin Nutr 34: 1379–1383

94. Jacobson B (1990) Effect of amino acids on growth hormone release. Physician Sportsmed 18: 63–70

95. Janssen GME, Scholte HR, Vaandrager-Verduin MHM, Ross JD (1989) Muscle carnitine level in endurance training and running a marathon. Int J Sports Med 10: S 153–S 155

96. Keen CL, Hackman RM (1986) Trace elements in athletic performance. In: Katch FI (ed) Sport, health and nutrition. 1984 Olympic Sci Cong Proc, vol 2. Champaign, Human Kinetics Publishers, pp 51–66

97. Kieffer F (1986) Trace elements: their importance for health and physical performance. Dtsch Z Sportmed 37: 118–123

98. Kiens B, Raben AB, Valeur AK, Richer E (1990) Benefit of

dietary simple carbohydrates on the early post exercise glycogen repletion in male athletes. Med Sci Sports Exerc 22: 588 (abstract)

99. Kreider R et al. (1991) Effects of amino acid supplementation on substrate usage during ultraendurance triathlon performance. Med Sci Sports Exerc 23: S 16 (abstract)

100. Kreider R (1992) Phosphate loading and exercise performance. J Appl Nutr in press 44(1): 29–49

101. Lamb DR, Synder AC (1991) Muscle glycogen loading with a liquid carbohydrate supplement. Int J Sports Nutr 1: 52–60

102. Lampe JW, Slavin JL, Apple FS (1986) Elevated serum ferrintin concentrations in master runners after a marathon race. Int J Vitamin Nutr Res 6: 395–398

103. Lane HW (1989) Some trace elements related to physical activity: zinc, copper, selenium, chromium and iodine. In: Hickson JE, Wolinski I (eds) Nutrition in exercise and sport. CRC Press, Florida, pp 301–307

104. Lau K (1986) Phosphate disorders. In: Kokko JP, Tannen RL (eds) Fluids and electrolytes. Saunders, Philadelphia, pp 398–471

105. Lemon PWR (1989) Nutrition for muscular development of young athletes. In: Gisolfi CV, Lamb DR (eds): Perspectives in exercise science and sports medicine, vo. 2: Youth, exercise, and sport. Benchmark Press, Indianapolis/IN, pp 369–400

106. Lemon PWR (1991) Effect of exercise on protein requirements. J Sports Sci 9 (Special Issue): 53–70

107. Lemon PWR (1991) Does exercise alter dietary protein requirements? In: Brouns F, Saris WHM, Newsholme EA (eds) Karger, Basel (Med Sport Sci 32: 15–37)

108. Lemon PWR (1991) Protein and amino acid needs of the strength athlete. Int J Sport Nutr 1: 127–145

109. Levander OA, Cheng L (1980) Micronutrient interactions; vitamins, minerals and hazardous elements. Ann N Y Acad Sci 355: 1–372

110. Mahalko JR, Sandsted HH, Johnson LK, Milne DB (1983) Effect of a moderate increase in dietary protein on the retention and excretion of Ca, Cu, Fe, Mg, P and Zn by adult males. Am J Clin Nutr 37: 8–14

111. Massicotte D, Péronnet F, Brisson G, Hillaire-Marcel C (1990) Exogenous 13 C lipids and 13 C glucose oxidized during prolonged exercise in man. Med Sci Sports Exerc 2: S 52 (abstr 310)

112. Massicotte D, Péronnet F, Brisson G et al (1989) Oxidation of glucose polymer during exercise: comparison with glucose or fructose. J Appl Physiol 66: 179–183

113. Maughan RJ (1990) Effects of diet composition on the performance of high intensity exercise. In: Monod H (ed) Nutrition et sport, pp 201–211

114. Maughan RJ (1991) Fluid and electrolyte loss and replacement in exercise. J Sports Sci 9 (Special Issue): 117–142

115. Maughan RJ, Noakes TD (1991) Fluid replacement and exercise stress, a brief review of studies on fluid replacement and some guidelines for the athlete. Sports Med 1: 16–31

116. Maughan RJ, Sadler D (1983) The effects of oral administration of salts of aspartic acid on the metabolic response to prolonged exhausting exercise in man. Int J Sports Med 4: 119–123

117. Maughan RJ, Greenhaff PL (1991) High intensity exercise performance and acid-base balance: The influence of diet and induced metabolic alkalosis. In: Brouns F (ed) Advances in nutrition and top sport. Karger, Basel (Med Sport Sci 32: 147–165)

117.a Maughan RJ (1986) Exercise-induced muscle cramp: a prospective biochemical study in marathon runners. J Sports Sci 4: 31–34

118. Mc Donald R, Keen C (1988) Iron, Zinc and magnesium nutrition and athletic performance. Sports Med 5: 171–184

119. McGilvery RW (1973) The use of fuels for muscular work. In: Howald H, Poortmans JR (eds): Metabolic adaptation to prolonged physical exercise. Proc of the Second Int Symposion on Biochemistry. Basel, Birkhäuser, pp 12–20

120. McNaughton LR (1990) Sodium citrate and anaerobic performance: implications of dosage. Eur J Appl Physiol 61: 392–397

121. Medbo JI, Serjested O (1990) Plasma potassium changes with high intensity exercise. J Physiol 421: 105–122

122. Mitchell M et al. (1991) Effects of amino acid supplementation on metabolic responses to ultraendurance triathlon performance. Med Sci Sports Exerc 23: S 15 (abstract)

123. Moses F (1990) The effect of exercise on the gastrointestinal tract. Sports Med 9: 159–172

124. Mosora F, Lacroix M, Luyckx AS et al (1981) Glucose oxidation in relation to the size of the oral glucose loading dose. Metabolism 30: 1143–1149

125. Munro HN (1983) Metabolism and functions of amino acids in man – overview and synthesis. In: Blackburn GL, Grant JP, Vernon RY (eds) Amino acids, metabolism and medical applications. John Wright, PSG Inc, Boston, pp 1–12

126. Murray R (1987) The effects of consuming carbohydrate-electrolyte beverages on gastric emptying and fluid absorption during and following exercise. Sports Med 4: 322–351

127. Murray R, Seifert JG, Eddy DE et al. (1989) Carbohydrate feeding and exercise: effect of beverage carbohydrate content. Eur J Appl Physiol 59: 152–158

128. Murray R, Paul LP, Seifert JG et al. (1989) The effects of glucose, fructose and sucrose ingestion during exercise. Med Sci Sports Exerc 3: 275–282

129. Nadel EG (1988) Temperature regulation and prolonged exercise. In: Lamb DR, Murray R (eds) Perspectives in exercise science and sports medicine, vol 1: Prolonged exercise. Benchmark, Indianapolis/IN, pp 125–151

130. Nadel EG, Mack GW, Nose H (1990) Infuence of fluid replacement beverages on body fluid homeostasis during exercise and recovery. In: Gisolfi CV, Lamb DR (eds) Perspectives in exercise science and sports medicine, vol 3: Fluid homeostatis during exercise, Benchmark, Carmel/IN, pp 181–205

131. National Research Council. Recommended dietary allowances 1989, 10th ed. National Academy Press, Washington

132. Newhouse IJ, Clement DB (1988) Iron status in athletes. An update. Sports Med 5: 337–352

133. Newsholme EA, Start C (eds) (1973) Regulation of glycogen metabolism. In: Regulation in metabolism. Wiley, Chichester, pp 146–194

134. Newsholme EA, Start C (eds) (1973) Adipose tissue and the regulation of fat metabolism. In: Regulation in metabolism. Wiley, Chichester, pp 195–246

135. Newsholme EA, Start C (eds) (1973) Regulation of carbohydrate metabolism in liver. In: Regulation in metabolism. Wiley, Chichester, pp 247–323

136. Newsholme EA, Leech AR (eds) (1973) Integration of carbohydrate and lipid metabolism. In: Biochemistry for the medical sciences. Wiley, Chichester, pp 336–356

137. Newsholme EA, Leech AR (eds) (1983) Metabolism in exercise. In: Biochemistry for the medical sciences. Wiley, Chichester, pp 357–381

138. Newsholme EA, Leech AR (eds) (1983) The integration of metabolism during starvation, refeeding, and injury. In: Biochemistry for the medical sciences. Wiley, Chichester, pp 536–561

139. Newsholme EA, Parry-Billings M, McAndrew N et al. (1991) A biochemical mechanism to explain some characteristics of overtraining. In: Brouns F, Saris WHM, Newsholme EA (eds) Karger, Basel (Med Sport Sci 32: 79–93)

140. Newsholme EA (1990) Effects of exercise on aspects of carbohy-

drate, fat, and amino acid metabolism. In: Bouchard C, Shephard R, Stephens T et al. (eds) Exercise, fitness and health. Human Kinetics Publ, Champaign/IL

141. Nieman DC (1988) Vegetarian dietary practices and endurance performance. Am J Clin Nutr 48: 754–761

142. Noakes TD, Goodwin N, Rayner BL et al. (1985) Water intoxication: a possible complication during endurance exercise. Med Sci Sports Exerc 17: 370–375

143. Noakes TD, Adams BA, Myburgh KH et al. (1988) The danger of an inadequate water intake during prolonged exercise. A novel concept revisited. Eur J Appl Physiol 57: 210–219

144. Noakes TD, Norman RJ, Buck RH et al. (1990) The incidence of hyponatremia during prolonged ultraendurance exercise. Med Sci Sports Exerc 22: 165–170

145. Oppenheimer S, Hendrickse R (1983) The clinical effects of iron deficiency and iron supplementation. Nutr Abs Rev 53: 585–598 (series A)

146. Otto R, Shores K, Wygard J et al. (1987) The effects of L-carnitine supplementation on endurance exercise. Med Sci Sports Exerc 19: S 87 (abstract)

147. Oyono-Enguelle S, Freund H, Ott C et al. (1988) Prolonged submaximal exercise and L-carnitine in humans. Eur J Appl Physiol 58: 53–61

148. Pallikarakis N, Jandrain B, Pirnay F et al. (1986) Remarkable metabolic availability of oral glucose during long duration exercise in humas. J Appl Physiol 60: 1035–1042

149. Parr RB, Porter MA, Hodgson SC (1984) Nutrition knowledge and practice of coaches, trainers and athletes. Phys Sportsmed 12: 127–138

150. Pate RR (1983) Sports anemia: a review of the current research literature. Phys Sportsmed 11: 115–131

151. Pate RR, Sargent RG, Baldwin C, Burgess ML (1990) Dietary intake of women runners. Int J Sports Med 11/6: 461–466

152. Puhl JL, Handel PJ van, Williams LL et al. (1985) Iron Status and training. In: Butts NK, Gushiken TT, Zarins B (eds) The elite athlete. Life Enhancement Publi, Champaign/IL, pp 209–238

153. Rehrer NJ, Beckers E, Brouns F et al. (1989) Exercise and training effects on gastric emptying of carbohydrate beverages. Med Sci Sports Exerc 21: 540–549

154. Rehrer NJ et al. (1990) Gastric emptying, secretion and electrolyte flux after ingestion of beverages with varying electrolyte compositions. Ph. D.-Thesis 1990, University of Limburg, Maastricht/NL

155. Rehrer NJ (1991) Aspects of dehydration and rehydration during exercise. In: Brouns F, Saris WHM, Newsholme EA (eds) Advances in nutrition and top sport. Karger, Basel (Med Sport Sci 32: 128–146)

156. Rehrer NJ, Kemenade MC van, Meester TA, Brouns F, Saris WHM (1992) Gastroinstestinal complaints in relation to dietary intakes in triathletes. Int J Sport Nutr 2: 48–59

157. Rennie MJ, Edwards RHT, Halliday D et al. (1981) Protein metabolism during exercise. In: Waterlow JC, Stephen JML (eds) Nitrogen metabolism in man. Applied Science Publishers, London, pp 509–524

158. Richter EA, Sonne B, Plough T et al. (1986) Regulation of carbohydrate metabolism in exercise. In: Saltin B (ed) Biochemistry of exercise 6. Human Kinetic Publ, Champain/IL, pp 151–166

159. Roberts K (1990) The effect of coenzyme Q10 on exercise performance. Med Sci Sports Exerc 22: S 87 (abstract)

160. Rumessen JJ, Gudmand-Hoyer E (1986) Absorption capacity of fructose in healthy adults. Comparison with sucrose and its consistent monosaccharides. Gut 27: 1161–1168

161. Russel McR D, Jeejeeboy KN (1983) The assessment of the functional consequences of malnutrition. Nutr Abstr and Rev in Clin Nutr (series A, vol 53) 10: 863–877

162. Sabatin P, Portero P, Gilles D et al. (1987) Metabolic and hormonal responses to lipid and carbohydrate diets during exercise in man. Med Sci Sports Exerc 19/3: 218–223

163. Saris WHM, Brouns F (1986) Nutritional concerns for the young athlete. In: Rutenfranz J, Mocellin R, Klinit F (eds) International series on sports sciences, vol 17: Children and exercise XII. Human Kinetics Publ, Champaign/IL, pp 11–18

164. Saris WHM, Schrijver J, Erp Baart MA van, Brouns F (1989) Adequancy of vitamin supply under maximal sustained workloads: The Tour de France. In: Walter P, Brubacher GB, Stähelin HB (eds) Elevated dosages of vitamins. Huber, Toronto

165. Saris WHM, Erp Baart MA van, Brouns F et al. (1989) Study on food intake and energy expenditure during extreme sustained exercise: The Tour de France. Int J Sports Med 10 (Suppl): S 26–S 31

166. Sawka MN (1988) Body fluid responses and hypohydration during exercise-heat stress. In: Pandolf KB, Sawka MN, Gonzalez RR (eds): Human performance physiology and environmental medicine at terrestrial extremes. Benchmark, Indianapolis/IN, pp 227–266

167. Sawka MN, Wenger CB (1988) Physiological responses to acute exercise-heat stress. In: Pandolf KB, Sawka MN, Gonzalez RR (eds): Human performance physiology and environmental medicine at terrestrial extremes. Benchmark, Indianapolis/IN, pp 97–151

168. Sawka MN, Pandolf KB (1990) Effects of body water loss on physiological function and exercise performance. In: Gisolfi CV, Lamb DR (eds) Perspectives in exercise science and sports medicine, vol 3: Fluid homeostatis during exercise. Benchmark, Carmel/IN, pp 1–38

169. Schoutens A, Laurent E, Poortmans JR (1989) Effect of inactivity and exercise on bone. Sports Med 7: 71–81

170. Segura R, Ventura J (1988) Effect of L-tryptophan supplementation on exercise performance. Int J Sports Med 9: 301–305

171. Shephard R (1983) Vitamin E and athletic performance. J Sports Med 23: 461–470

172. Sherman WM (1983) Carbohydrates, muscle glycogen, and muscle glycogen supercompensation. In: Williams MH (ed) Ergogenic aids in sport. Human Kinetics Publ, Champaign/IL, pp 3–26

173. Sherman WM, Lamb DR (1988) Nutrition and prolonged exercise. In: Lamb DR, Murray R (eds) Perspectives in exercise science and sports medicine, vol 1: Prolonged exercise. Benchmark, Indianapolis/IN, pp 213–280

174. Sherman WM, Wimer GS (1991) Insufficient dietary carbohydrate during training: does it impair performance. Int J Sports Nutr 1: 28–44

175. Shores K, Otto R, Wygard J et al. (1987) Effect of L-carnitine supplementation on maximal oxygen consumption and free fatty acid serum levels. Med Sci Sports Exerc 19: S 60 (abstract)

176. Short SH, Short WR (1983) Four-year study of university athletes' dietary intake. Am Diet Assoc 82/6: 632–645

177. Smith JC, Morris ER, Ellis R (1983) Zinc requirements, bioavailabilities and recommended dietary allowances. In: Prasad AA (ed) Zinc deficiency in human subjects. Liss, New York, pp 147–169

178. Spencer H, Kramer L, Perakis E et al. (1982) Plasma levels of zinc during starvation. Fed Proc 41: 347

179. Steben R, Wells J, Harless I (1976) The effects of bee pollen tablets on the improvement of certain blood factors and performance of male collegiate swimmers. J Nat Athletic Trainers Assoc 11: 124–126

180. Storlie J (1991) Nutrition assessment of athletes: a model for inte-

grating nutrition and physical performance indicators. Int J Sport Nutr 1: 192–204
181. Sutton JR (1990) Clinical implications of fluid imbalance. In: Gisolfi CV, Lamb DR (eds) Perspectives in exercise science and sports medicine, vol 3: Fluid homeostatis during exercise. Benchmark, Carmel/IN, pp 425–455
182. Tarnopolsky MA, MacDougall JD, Atkinson SA (1988) Influence of protein intake and training status on nitrogen balance and lean body mass. J Appl Physiol 64/1: 187–193
183. Trichopoulou A, Vassilakos T (1990) Recommended dietary intakes in the European Community member states. Eur J Clin Nutr (Suppl 2): 51–101
184. Vandewalle L et al. (1991) Effect of branched-chain amino acid supplements on exercise performance in glycogen depoleted subjects. Med Sci Sports Exerc 23: S 116 (abstract)
185. Vollestad NK, Serjested OM (1989) Plasma K+ shifts in muscle and blood during and after exercise. Int J Sports Med 10 (Suppl 2): 101
186. Wade CE, Freund BJ (1990) Hormonal control of blood volume during and following exercise. In: Gisolfi CV, Lamb DR (eds) Perspectives in exercise science and sports medicine, vol 3: Fluid homeostatis during exercise. Benchmark, Carmel/IN, pp 207–245
187. Wagenmakers AJM, Coakley JH, Edwards RHT (1990) Metabolism of branched-chain amino acids and ammonia during exercise: clues from McArdle's diesease. Int J Sports Med 11 (Suppl 2): S 101–S 113
188. Wagenmakers AJM, Beckers EJ, Brouns F et al. (1991) Carbohydrate supplementation, glycogen depletion, and amino acid metabolism during exercise. Am J Physiol 260 (Endocrinol Metab 23): E 883–E 890
189. Wagenmakers AJM (1992) A role of amino acids and ammonia in mechanisms of fatigue. In: Marconnet P, Saltin B, Komi B (eds) Local fatigue in exercise and training, 4th Int Symposium on Exercise and Sport Biology, Nice 1991. Med Sport Sci 34
190. Wagenmakers AJM (1991) L-Carnitine supplementation and performance in man. In: Brouns F (ed) Advances in nutrition and top sport, vol 32. Karger, Basel, pp 110–127
191. Walberg JL, Leidy MK, Sturgill DJ et al. (1988) Macronutrient content of a hypoenergy diet affects nitrogen retention and muscle function in weight lifters. Int J Sports Med 9/4: 261–266
192. Warren B et al. (1991) The effect of amino acid supplementation

on physiological responses of elite junior weightlifters. Med Sci Sports Exerc 23: S15 (abstract)

193. Wassermann DH, Geer RJ, Williams PE et al. (1991) Interaction of gut and liver in nitrogen metabolism during exercise. Metabolism 40: 307–314

194. Waterlow JC (1986) Metabolic adaptation to low intakes of energy and protein. Ann Rev Nutr 6: 495–526

195. Weight LM, Myburgh KM, Noakes TD (1988) Vitamin and mineral supplementation: effect on the running performance of trained athletes. Am J Clin Nutr 47: 192–195

196. Wenger CB (1988) Human heat acclimatization. In: Pandolf KB, Sawka MN, Gonzalez RR (eds) Human performance physiology and environmental medicine at terrestrial extremes. Benchmark, Indianapolis/IN, pp 153–197

197. Wessen M, McNaughton L, Davies P et al. (1988) Effects of oral administration of aspartic acid salts on the endurance capacity of trained athletes. Res Q Exerc Sport 59: 234–239

198. White SL, Maloney SK (1990) Promoting healthy diets and active lives to hard-to-reach groups: market research study. Public Health Reports 105/3: 224–231

199. Williams MH (1985) Nutritional aspects of human physical and athletic performance (2nd ed). Thomas, Springfield/IL

200. Williams M, Kreider R, Hunter D et al. (1990) Effect of oral inosine supplementation on 3-mile treadmill run performance and VO2 peak. Med Sci Sports Exerc 22: 517–522

201. Williams M (1991) Ergogenic aids. In: Berning J, Steen S (eds) Sports nutrition for the 90s: The health professional's handbook. Aspen, Gaithersburg/MD

202. Williams MH (1992) Nutrition for fitness and sport, 3rd ed. Brown, Dubuque/IA

203. Wilmore J, Freund BJ (1984) Nutritional enhancement of physical performance. Nutrition (Abstr Rev Clin Nutr) Series A) 54/1: 1–16

204. Wolfe RR, Richard D, Goodenough D et al. (1983) Protein dynamics in stress. In: Blackburn GL, Grant JP, Vernon RY (eds) Amino acids, metabolism and medical applications. Wright, PSG Inc, Boston, pp 396–413

205. Woodhouse M, Williams M, Jackson C (1987) The effects of varying doses of orally ingested bee pollen extract upon selected performance variables. Athletic Training 22: 26–28

206. Wretlind A (1976) Nutrition problems in healthy adults with low activity and low caloric consumption. In: Blix G (ed) Nutrition and physical activity. pp 114–131

207. Wurtman RJ, Lewis MC (1991) Exercise, plasma composition and neurotransmission. In: Brouns F, Newsholme EA, Saris WHM (eds) Advances in nutrition and topsport. Karger, Basel (Med Sport Sci 32: 94–109)
208. Wyss V et al. (1990) Effects of L-carnitine administration on VO_2max and the aerobic-anaerobic threshold in normoxia and acute hypoxia. Eur J Appl Phys 60: 1–6
209. Yoshimura H, Inoue T, Yamada T, Shiraki K (1980) Anemia during hard physical training (sports anemia) and its causal mechanisms with special reference to protein nutrition. World Rev Nutr Diet 35: 1–86
210. Zuliani U, Bonetti A, Campana M et al. (1989) The influence of ubiquinone (CoQ10) on the metabolic response to work. J Sports Med Phys Fitness 29: 57–61
211. Brouns F, Saris WHM, Schneider H, (1992) Rationale for upper limits of electrolyte replacement during exercise. Int J Sports Nutr 2: 229–238
212. Wagenmakers AJM, Brouns F, Saris WHM, Halliday D, (1990) Maximal oxidation of oral carbohydrates during exercise. Med Sci Sports Exerc 22 (4): S 120, abstract
213. Brouns F, Beckers E, Knöpfli B, Villiger B, et al. (1991) Rehydration during exercise: effect of electrolyte supplementation on selective blood parameters. Med Sci Sports Exers 23 (4): S 84, abstract
214. Rehrer NJ, Brouns F, Beckers EJ, et al. (1990) Gastric emptying with repeated drinking during running and cycling. Int J Sports Med 11: 238–243
215. Kazunori M and Clarkson PM, (1992) Changes in plasma zinc following high force excentric exercise. Int J Sports Nutr 2: 175–184

Sachverzeichnis

Springer-Verlag und Umwelt

Als internationaler wissenschaftlicher Verlag sind wir uns unserer besonderen Verpflichtung der Umwelt gegenüber bewußt und beziehen umweltorientierte Grundsätze in Unternehmensentscheidungen mit ein.

Von unseren Geschäftspartnern (Druckereien, Papierfabriken, Verpackungsherstellern usw.) verlangen wir, daß sie sowohl beim Herstellungsprozeß selbst als auch beim Einsatz der zur Verwendung kommenden Materialien ökologische Gesichtspunkte berücksichtigen.

Das für dieses Buch verwendete Papier ist aus chlorfrei bzw. chlorarm hergestelltem Zellstoff gefertigt und im pH-Wert neutral.